云计算与网络安全

李森 著

武汉理工大学出版社
Wuhan University of Technology Press

图书在版编目（CIP）数据

云计算与网络安全 / 李森著. -- 武汉：武汉理工大学出版社, 2025.6. -- ISBN 978-7-5629-7462-8

Ⅰ.TP393.027；TP393.08

中国国家版本馆 CIP 数据核字第 2025E82A07 号

云计算与网络安全
YUN JISUAN YU WANGLUO ANQUAN

责任编辑：严　曾
责任校对：尹珊珊
封面设计：杜　婕
出版发行：武汉理工大学出版社有限责任公司
　　　　　　（武汉市洪山区珞狮路 122 号　邮编：430070）
经销单位：全国各地新华书店
承印单位：天津和萱印刷有限公司
开　　本：710×1000　1/16
印　　张：6.25
字　　数：110 千字
版　　次：2025 年 6 月第 1 版
印　　次：2025 年 6 月第 1 次
定　　价：44.00 元

版权所有　　翻印必究

（如发现印装质量问题，请寄本社发行部调换 027-87391631）

前　言

　　云计算的产生，源于对高效、灵活、可扩展数据处理能力的迫切需求。随着互联网的普及和大数据时代的到来，数据量呈现出爆炸式增长，传统的数据处理方式已经难以满足这种需求。云计算通过将计算资源、存储资源和信息资源进行集中管理和按需分配，实现了计算能力的弹性扩展和高效利用，为各行各业提供了强大的数据处理支持。同时，云计算还促进了信息技术的服务化转型，使得信息技术从传统的产品导向转变为服务导向，极大地降低了企业的信息化门槛和成本。

　　云计算具有大规模、虚拟化、通用性以及可拓展性等特点，这些特点使得云计算能够为用户提供更加灵活、便捷、高效的信息服务。同时，云计算还推动了信息技术领域的创新，促进了自动化技术、大数据技术等相关技术的发展和应用。云计算的服务模型和部署模式也是其重要组成部分。云计算提供了基础设施即服务、平台即服务和软件即服务等多种服务模型，这些模型能够满足不同用户的需求和场景。而在部署模式方面，云计算提供了公有云、私有云、混合云等多种选择，使得用户能够根据自己的实际情况和需求进行灵活部署。

　　然而，随着云计算的广泛应用，其安全性问题也日益凸显。云计算作为信息技术领域的一次重大革新，其安全性和可靠性问题一直是业界关注的焦点。随着云计算技术的不断成熟和应用场景的持续拓展，在云计算环境下如何保障数据安全和保护隐私已经成为亟待解决的问题。同时，随着大数据、人工智能等新兴技术的快速发展，云计算在数据处理和分析方面的优势日益凸显。然而，这些新兴技术也带来了新的安全挑战和威胁。

　　本书概述了云计算的起源、发展及其核心概念与特性，深入探讨了支撑云计算运行的关键技术，包括数据中心技术、虚拟化技术、资源管理技术以及云存储技术。同时，还系统介绍了网络安全的基础知识，分析了网络安全的架构体系及面临的诸多风险与挑战。针对网络攻击，本书列举了缓冲区溢出、拒绝服务和欺骗等典型攻击手段，并提供了相应的防御策略，以增强云计算环境下的安全防护能力。在云安全技术与应用方面，本书着重探讨了云计算的安全特性、安全管理实践以及以阿里云为代表的云平台安全策略，为云安全实践提供了宝贵经验。此外，本书还展望了云计算安全的未来趋势，包括人工智能与机器学习在云安全领域的创新应用、5G技术对云计算安全带来的新机遇以及云计算安全未来的发展方向与战略规划，为读者提供了关于云计算安全发展的前瞻性思考。

最后，衷心地向所有为云计算安全领域作出贡献的专家学者以及技术人员等表示最诚挚的感谢。正是有了你们的辛勤付出、不断探索与热情支持，才使得云计算安全技术不断进步。笔者深知，云计算安全是一个复杂而重要的领域，需要进行持续地学习与研究，也希望本书能够为读者提供有价值的参考和帮助。

李森

2025年3月

目 录

第一章 云计算概述 ··· 1
 第一节 云计算的产生与发展 ··· 1
 第二节 云计算的相关概念与特点 ······································· 4

第二章 云计算的关键技术 ·· 7
 第一节 数据中心技术 ·· 7
 第二节 虚拟化技术 ··· 12
 第三节 资源管理技术 ·· 17
 第四节 云存储技术 ··· 22

第三章 网络安全基础 ·· 29
 第一节 网络安全的概念与重要性 ······································· 29
 第二节 网络安全体系结构 ·· 31
 第三节 网络安全存在的风险和问题 ···································· 35

第四章 网络攻击与防御 ··· 38
 第一节 缓冲区溢出攻击与防御 ·· 38
 第二节 拒绝服务攻击与防御 ··· 44
 第三节 欺骗攻击与防御 ··· 49

第五章 云安全技术与应用 ·· 58
 第一节 云计算的安全属性 ·· 58
 第二节 云计算安全管理 ··· 64
 第三节 阿里云安全策略与方法 ·· 70

第六章　云计算安全的未来趋势与挑战 …………………………… 75
　　第一节　人工智能与机器学习在云安全中的应用 ………………… 75
　　第二节　5G 技术对云计算安全的影响……………………………… 80
　　第三节　云计算安全的未来发展方向与战略规划 ………………… 84
参考文献 ……………………………………………………………… 90

第一章 云计算概述

随着信息技术的飞速发展，数据处理和存储需求呈现出爆炸式增长的态势，传统的 IT 架构逐渐难以满足这种大规模、高效率、灵活多变的需求。在这样的背景下，云计算作为一种革命性的信息技术应运而生，它不仅极大地提升了数据处理的效率和灵活性，还推动了信息技术服务模式的深刻变革。

第一节 云计算的产生与发展

云计算的产生，是信息技术发展到一定阶段的必然产物，它源于对更高效、更灵活、更经济的信息处理能力的追求。从早期的网格计算，到后来按需服务理念的兴起，云计算经历了从概念提出到技术成熟、从理论探索到广泛应用的曲折过程。

一、云计算的诞生背景

云计算的产生与发展是信息技术进步的必然结果，其根源可以追溯到 20 世纪 60 年代的"公用计算"理念。[1] 那时，大型主机共享模式初步展示了云计算的雏形，但受限于当时的技术和网络条件，这一理念并未得到广泛应用。随着互联网的迅速普及和计算机性能的不断提升，人们开始意识到利用网络进行计算和存储的巨大潜力，云计算的概念逐渐萌芽并得以发展。[2]

---

[1] 李梅，范东琦，任新成，廖忠志. 物联网科技导论 [M]. 北京：北京邮电大学出版社，2015：156.

[2] 章瑞. 云计算 [M]. 重庆：重庆大学出版社，2020：97.

二、云计算的快速发展

(一) 技术革新与服务升级

近年来,云计算的应用领域日益广泛,成为了新型智慧城市、工业4.0等前沿领域的核心技术支撑。云计算与大数据、人工智能、物联网等新兴技术的深度融合,孕育出了一系列创新应用场景。例如,边缘计算通过将计算和存储资源靠近数据源,减少了数据传输的延迟和带宽消耗,满足了物联网设备对实时性要求极高的应用场景。云原生应用则利用云计算的弹性和可扩展性,实现了应用程序的快速开发和部署,提高了业务响应速度和创新能力。

随着技术的革新,云计算服务提供商也在不断提升服务质量,以满足用户日益增长的需求。他们通过优化基础设施、提升网络带宽和降低延迟,为用户提供了更加稳定、高效的服务体验,云计算服务提供商还通过引入智能决策引擎和自动化调整机制,实现了资源的智能分配和动态调整,提高了资源利用率和成本效益。这些技术革新和服务升级,使得云计算在处理海量数据、提供实时响应和降低运营成本方面展现出了巨大的优势。

(二) 市场普及与商业化进程

随着云计算技术的不断成熟和市场的广泛认可,越来越多的企业开始将业务迁移到云端。云计算的盈利模式也逐渐多样化,包括订阅式收费、按需收费和广告收费等。订阅式收费为用户提供了稳定的服务保障,使得他们可以按需订购所需的云服务,并根据使用量进行付费。这种收费模式不仅降低了用户的初始投入成本,还使得他们可以根据业务需求进行灵活调整。按需收费则满足了用户的灵活需求,使得他们可以根据实际情况进行资源的动态扩展和缩减,云计算服务提供商还通过提供定制化的解决方案和增值服务来增加收入来源,如数据分析、安全监控等。

在商业化进程中,云计算服务提供商还积极与各行业合作伙伴建立合作关系,共同推动云计算的应用和发展。他们通过提供行业解决方案和定制化服务,满足了不同行业用户的需求,云计算服务提供商还通过举办技术论坛、研讨会等活动,加强了与用户的沟通和交流,推动了云计算技术的普及和应用。[1]

---

[1] 梅宏,金海. 云计算 [M]. 北京:中国科学技术出版社,2020:97.

（三）标准化与规范化

为了推动云计算产业的健康发展，国际和国内标准化组织纷纷制定了相关标准和规范。这些标准和规范涵盖了云计算的术语定义、服务模型、技术要求、安全规范等方面，为云计算的广泛应用提供了有力的技术支撑和保障。不同标准和规范的制定和实施，不仅提高了云计算服务的质量和可靠性，还促进了不同云服务提供商之间的互操作性和兼容性。这为用户提供了更加灵活和便捷的选择，降低了他们采用云计算技术的风险和成本。

三、云计算的未来发展趋势

（一）智能化与自动化

随着人工智能和机器学习技术的快速发展，云计算将朝着更加智能化、自动化的方向发展。通过引入智能决策引擎和自动化调整机制，云计算能够显著提升系统性能和资源利用率。例如，智能决策引擎可以根据业务需求和资源状况进行动态调整和优化，使得系统能够自动适应不同的应用场景和负载情况。自动化调整机制则可以根据预设的规则和策略进行资源的自动扩展和缩减，降低了人工干预的成本和复杂度。

未来，云计算服务提供商将更加注重智能化和自动化技术的应用，以提高服务质量和用户满意度。他们将通过不断优化算法和模型来提高智能决策引擎的准确性和效率，并通过引入更多的自动化工具和流程来降低运维成本和复杂度，他们还将积极探索新的应用场景和商业模式，以推动云计算技术的创新和发展。

（二）分布化与边缘化

随着5G、区块链等新技术的推进，云计算正朝着更加分布化、边缘化的方向发展。边缘计算将计算和存储资源靠近数据源，减少了数据传输的延迟和带宽消耗，从而满足了对实时性要求极高的应用场景。例如，在自动驾驶、远程医疗等领域中，数据的实时性和准确性至关重要。通过边缘计算技术，可以将计算和存储资源部署在车辆、医院等场景中，实现对数据的实时处理和分析。

未来，数据中心将不再是集中式的庞大设施，而是会向分布式、边缘化的方向发展。云计算服务提供商将根据不同业务需求和数据分布特点来优化基础设施布局和资源分配。例如，在人口密集的城市区域中，可以部署更多的边缘数据中心来提供低延迟、高带宽的服务；而在偏远地区或农村地区中，则可以通过卫星或无线通信技术来实现数据的传输和处理。这种分布化和边缘化的趋势将使得云计算更好地服务于不同的业务，提高系统整体的性能和可靠性。

（三）可信化与安全性

随着企业对数据安全和隐私保护的重视，云计算的可信化和安全性将成为未来发展的关键。可信云要求云服务提供商具备高水平的安全防护能力，并在数据存储、处理和传输过程中遵循相关法律法规。为了满足这一要求，云计算服务提供商需要不断加强安全技术的研发和应用，提高系统的安全性能和防御能力。例如，可以通过采用数据加密、访问控制等技术手段来保障用户数据的安全性和隐私性，还可以通过建立安全审计和监控机制来及时发现和应对潜在的安全威胁。

云计算服务提供商还需要加强与政府、行业组织等合作方的沟通和协作，共同推动云计算安全标准和规范的制定和实施。通过加强合作和交流，可以促进不同云服务提供商之间的互信和合作，提高整个云计算产业的安全性和可信度，政府也可以加强对云计算产业的监管和指导，推动云计算安全技术的创新和发展。

（四）绿色化与可持续发展

绿色、低碳的云计算将为可持续发展提供重要的技术基础。未来，云计算服务提供商将需要不断优化其基础设施，以支持更高的计算能力和更低的延迟，降低能耗和排放。为了实现这一目标，他们可以采用更加节能高效的硬件设备和技术手段来降低能耗，还可以通过引入可再生能源和智能调度等技术手段来减少碳排放。

云计算服务提供商还可以与用户和行业合作伙伴共同推动绿色云计算的应用和发展。例如，他们可以与用户合作制订绿色云计算解决方案，帮助用户降低能耗和排放，还可以与行业合作伙伴共同推动绿色数据中心的建设和运营，提高整个云计算产业的环保水平和可持续性。通过这些努力，云计算不仅能满足市场需求，还能为环境保护和可持续发展作出贡献。

第二节　云计算的相关概念与特点

云计算作为信息技术领域的一次重大革新，其涉及的概念广泛而复杂，特点鲜明且多样。理解云计算的相关概念，是深入掌握其技术原理和应用场景的基础；而把握云计算的特点，则是评估其优势和局限、制定合理应用策略的关键。

一、云计算的相关概念

云计算又称云服务，是一种新型的计算和应用服务提供模式，是在通信网、互联网相关服务基础上的拓展，是并行计算、分布式计算和网格计算的发展。云计算是一种新型的计算模式，这种模式提供可用的、便捷的、根据需要并且按照使用流量付费的网络访问，进入云计算资源共享池，包括网络、服务器、存储、应用软件、服务等资源，只需投入很少的管理工作，或者与服务供应商进行很少的交互，这些资源就能够被快速、及时地提供。[1]

二、云计算的特点

（一）超大规模

云计算中心以其超大规模的计算资源成为信息技术领域的巨擘。这些中心通常部署了数以百万计的服务器和存储设备，形成了强大的计算和存储网络。这种规模经济效应使得云计算能够提供高效、稳定的计算服务，满足从个人用户到大型企业客户的多样化需求。例如，谷歌云和亚马逊 AWS 等顶级云服务提供商，通过构建遍布全球的云计算中心，为用户提供了几乎无限制的计算和存储能力。这种超大规模不仅提升了服务效率，还降低了单位成本，使得云计算成为越来越多企业的首选 IT 解决方案。

（二）高可靠性

云计算环境以其高可靠性著称，这得益于多种容错和冗余技术的综合应用。在硬件层面，云计算中心采用了数据多副本容错以及热备份等措施，确保数据在任何情况下都能得到及时恢复。在软件层面，云计算平台通过分布式计算和存储技术，将数据和应用程序分散在多个物理节点上，使得单个节点的故障不会对整个系统造成影响，云计算还通过自动化监控和故障排查系统，实时检测和处理潜在问题，确保服务的持续稳定。这种高可靠性不仅提升了用户体验，还增强了用户对云计算的信任度和依赖度。

---

[1] 王成，李明明. 经济管理创新研究 [M]. 北京：中国商务出版社，2023：126.

(三) 通用性

云计算作为一种通用的计算服务，不针对特定的应用或行业，而是提供了一种灵活、可定制的资源池。用户可以根据自己的需求购买和使用计算资源，无需关心底层硬件和软件的实现细节。这种通用性使得云计算能够广泛应用于各个领域，如金融、医疗、教育、政务等。在金融领域，云计算为银行、证券和保险等金融机构提供了高效的数据处理和存储服务；在医疗领域，云计算助力医疗机构实现电子病历、远程医疗和健康管理等功能；在教育领域，云计算为教育机构提供了在线学习、资源共享和远程教育等支持；在政务领域，云计算推动了政府数据的开放共享和智能化决策。云计算的通用性不仅促进了各行业的数字化转型，还推动了跨行业合作和创新。

(四) 可拓展性

云计算环境以其高度的可拓展性而闻名，用户可以根据需要随时增加或减少计算资源。这种弹性伸缩能力使得云计算能够应对不断变化的市场需求和业务场景。例如，在电商促销期间，企业可以通过增加云计算资源来提高系统的处理能力和响应速度，确保用户在购物高峰期间能够顺畅访问和购买商品。同样地，在数据分析、科学计算和渲染等计算密集型任务中，云计算可以根据任务规模动态调整资源，确保任务的高效完成。这种可拓展性不仅提高了资源的利用效率，还降低了企业的IT成本。用户无需提前购买大量昂贵的硬件设备，而是可以根据实际需求灵活调整资源，实现资源的最大化利用。

第二章 云计算的关键技术

云计算的关键技术涵盖了数据中心技术、虚拟化技术、资源管理技术以及云存储技术等。这些技术共同支撑起云计算的高效、灵活、可扩展的服务模式,使计算资源能够按需分配、动态调整,这极大地提升了资源的利用率和服务的质量,为用户提供了便捷、可靠的云计算与存储解决方案。云计算的关键技术不仅推动了数字化转型的加速,还为各个行业带来了前所未有的创新机遇,促进了经济的可持续发展。

第一节 数据中心技术

数据中心技术是当代信息技术领域的基石,它集成了高性能计算、大容量存储、先进网络架构以及精密的环境控制系统,旨在提供稳定、高效、可扩展的数据处理与信息服务。数据中心技术是信息化建设的核心组成部分,它涉及关键设备和关键物理基础设施的集成,用于数据的集中处理、存储、交换和传输,数据中心技术是实现高效数据管理和应用服务的关键支撑。

一、数据中心技术的定义和特征

(一)数据中心技术的定义

数据中心是大数据存储及运营维护的基础载体。[①] 数据中心技术是指构建和管理数据中心的各项技术的总和。数据中心是一个集中存放计算机服务器、网络设备、存储设备等设施的物理空间,它通过高速网络提供数据存储、处理、传输等服务。数据中心技术涵盖了服务器技术、存储技术、网络技术、安

---

① 陈焕新,王宜卿,张丽,等.数据中心发展进展[J].制冷技术,2024,44(S1):2-19.

全管理技术等多个方面，这些技术共同协作，确保数据中心能够高效、稳定、安全地运行。数据中心不仅承载着各类应用系统的运行和数据存储，还是云计算服务的基础，使得软件即服务、平台即服务和基础设施即服务等模式成为可能。

数据中心技术也强调了数据中心基础设施的重要性，这些基础设施包括供电系统、制冷系统、机柜系统、综合布线系统、消防系统、监控系统等，它们为数据中心的关键设备提供必要的环境保障。数据中心技术的不断进步使得数据中心在规模、性能、能效等方面都得到了显著提升。例如，绿色数据中心技术的发展推动了数据中心在节能、环保方面的持续优化。

（二）数据中心技术的特征

1. 展现高度集成化与自动化管理

数据中心技术展现了高度集成化的特点，通过虚拟化、云计算、大数据等先进技术的融合，实现了硬件与软件资源的深度整合，这种集成化不仅简化了数据中心的架构，还提升了资源的使用效率。数据中心普遍采用自动化管理工具，如自动化部署、自动化监控和自动化运维等，这些工具能够大幅降低运维成本，提高运维效率，确保数据中心的稳定运行。自动化管理还使得数据中心能够灵活地应对业务的变化，快速响应市场的需求。

2. 重视高能效与绿色可持续性

数据中心技术不仅追求高性能，也高度重视能效与绿色可持续性，通过采用先进的节能技术，如高效能服务器、节能型存储设备、智能电源管理系统等，数据中心能够显著降低能耗，减少碳排放。数据中心技术还积极采用可再生能源，如太阳能、风能等，以进一步降低对环境的影响。在绿色可持续性方面，数据中心技术还注重资源的循环利用和废弃物的妥善处理，以实现环境友好型运营。

3. 注重安全与可靠性保障

数据中心承载着大量敏感数据和关键业务，因此，确保数据的安全和业务的连续性至关重要。数据中心通常采用多层次的安全防护措施，包括物理安全、网络安全、应用安全和数据安全等，以全面保障数据的安全性和完整性。数据中心还采用冗余设计和故障切换机制，以确保在硬件或软件出现故障时，业务能够迅速恢复，从而保障业务的连续性和稳定性，有时数据中心还通过定期备份和制订灾难恢复计划等措施，进一步提高数据的可靠性和可用性。

二、数据中心技术的原理和分类

（一）数据中心技术的原理

1. 资源池化与动态分配

资源池化是数据中心技术的核心原理之一，它将物理硬件资源（如服务器、存储设备、网络设备等）抽象化，形成一个统一的资源池，从而实现了资源的灵活调度和按需分配。通过虚拟化技术，数据中心可以将这些资源封装成虚拟资源，如虚拟机、虚拟存储卷等，使得用户可以根据业务需求动态申请和使用资源。这种资源池化与动态分配的方式不仅提高了资源的利用率，还增强了数据中心的灵活性和可扩展性。

2. 高可用性与容错设计

高可用性与容错设计是数据中心技术的重要原理，为了确保数据中心在面临硬件故障、软件错误或自然灾害等异常情况时仍能持续提供服务，数据中心通常采用冗余设计、负载均衡、故障切换等技术手段。例如，通过部署多台服务器和存储设备，并配置相应的负载均衡和故障切换机制，当某台设备出现故障时，其他设备可以立即接管其工作，从而确保服务的连续性和稳定性。数据中心还采用数据备份、恢复和容灾等技术手段，以应对数据丢失或损坏的风险。

3. 网络优化与流量管理

网络优化与流量管理是数据中心技术中不可或缺的原理，数据中心内部以及与其他网络之间的通信需要高效、可靠的网络支持。为了实现这一目标，数据中心通常采用高性能的网络设备、优化的网络拓扑结构和先进的流量管理技术。例如，通过部署高性能的交换机和路由器以及采用多路径传输、流量控制和拥塞避免等技术手段，可以提高网络的传输效率和可靠性。数据中心还采用虚拟局域网、网络地址转换等技术手段，以实现网络的安全隔离和访问控制。

（二）数据中心技术的分类

1. 计算与存储技术

这是数据中心技术的核心，涵盖了服务器架构（如刀片式、机架式服务器）、虚拟化技术（将物理资源抽象成逻辑资源，实现资源的灵活调度和按需分配）、云存储与分布式文件系统（提供高可用性和可扩展性的数据存储解决方案）以及内存与存储优化技术。除了上述内容外，它还包括高性能计算技术，专为处理大规模数据和复杂计算任务而设计，如大数据分析、基因测序等。

2. 能源管理与冷却技术

数据中心的能耗和散热问题是影响其运营成本的重要组成部分。其中能源管理技术包括高效的电源管理系统、能源效率优化以及可再生能源的利用（如太阳能、风能等）；而冷却技术则包括风冷、液冷、热管技术等，旨在有效散发数据中心内部产生的热量，保持设备在适宜的温度范围内运行，延长设备寿命，提高整体的能效。

3. 管理与监控技术

数据中心的管理和监控是确保其稳定运行的关键，这包括自动化管理工具（如配置管理、性能监控、故障预警与恢复等），用于简化日常运维工作，提高运营效率；信息技术服务管理技术，用于提升服务质量和客户满意度；智能运维技术，利用大数据、机器学习和人工智能等技术手段，实现运维工作的智能化和自动化，提前预测和解决问题，减少故障的发生。除了上述技术外，还有数据中心基础设施管理系统，它集成了数据中心的所有物理和逻辑资源的管理，提供全面的监控、分析和优化功能。

三、数据中心技术的应用场景和未来趋势

（一）数据中心技术的应用场景

1. 云计算与虚拟化技术

云计算是现代数据中心技术的重要应用场景之一，它通过将计算资源和数据存储在网络上，利用互联网向用户提供服务，这种资源利用方式高效且节省投资成本，实现了资源共享和数据共享，从而提高了数据处理和存储效率。在云计算的基础上，虚拟化技术得到了广泛应用，虚拟化技术主要是将一个物理设备上的硬件资源划分成多个独立的虚拟资源，通过虚拟化技术实现资源的共享和利用。虚拟化技术的应用包括服务器虚拟化、存储虚拟化、网络虚拟化等，使得数据中心能够更灵活地调配资源，满足不同业务场景的需求。虚拟化技术还降低了运维成本和管理复杂度，增强了系统和应用的可用性。

2. 大数据处理与分析

随着数据量的不断增长，大数据处理成为数据中心技术的重要应用场景，大数据处理主要针对海量的、结构化和非结构化的数据进行分析处理和挖掘，为企业提供决策支持和满足业务优化等方面的需求。数据中心提供的大数据技术平台和数据存储技术可以帮助企业快速搭建和部署分析平台，以便更好地实现数据分析和业务应用。在大数据的处理过程中，数据中心需要利用先进的数据采集、存储和计算技术,以提高数据处理的效率和准确性。通过大数据处理和分析,企业可以更好地了解市场趋势、客户需求和业务流程,从而制定更加精准的营销策略和业务发展计划。

3. 边缘计算

随着物联网的发展,边缘计算成为数据中心技术的一个新兴应用场景,边缘计算将计算、存储、网络、应用等方面的资源分布在网络边缘的设备或应用中,通过网络进行协作与交互。这种计算模式可以实现数据的快速处理和实时传输,避免了传统云计算所产生的数据拥堵等问题。在边缘计算的应用场景中,数据中心需要为边缘设备提供强大的计算能力和数据存储能力,以支持实时数据处理和分析。数据中心还需要确保边缘设备的数据安全性和可靠性,以防止数据泄露和恶意攻击。通过边缘计算的应用,企业可以更好地实现物联网设备的智能互联和协同工作,提高业务效率和用户体验。

(二)数据中心技术的未来发展趋势

1. 持续扩大规模与变革架构

数据中心作为数字经济的基石,其规模正在不断扩大,以满足日益增长的数据处理需求,这不仅体现在物理空间的扩展,更体现在计算能力、存储容量和网络带宽的显著提升。这种规模化趋势带来了更高的运维复杂度和安全挑战,也为数据中心提供了更强的数据处理能力。数据中心架构正在经历重大变革,传统的云数据中心正在向云+智算中心演进,以适应人工智能、大模型等新兴应用的需求,这种转变不仅涉及硬件设备的升级,还包括软件系统、管理平台和运维模式的全面革新。智算中心采用高度专业化的硬件配置,以提供强大的并行计算能力和高效的数据传输。

2. 绿色低碳与可持续发展

随着全球对环境保护和可持续发展的重视,数据中心行业也在积极寻求降低能耗、减少碳排放的解决方案。从制冷技术到能源利用,从建筑设计到运营管理,数据中心各个环节都在朝着更加环保的方向发展。分布式制冷架构和液冷技术的崛起为数据中心提供了一种更加灵活、高效的温控解决方案,分布式制冷架构将制冷设备分散部署在数据中心的各个区域,提高了制冷的效率,降低了能源的消耗。而液冷技术则通过将服务器浸入不导电的液体中,排出更多的热量,以满足更高密度服务器的散热需求。数据中心还广泛采用可再生能源,如太阳能、风能等,以进一步降低碳排放。

3. 广泛地应用人工智能技术

人工智能技术在数据中心领域的应用日益广泛,不仅提升了数据中心的计算能力，还在运维管理、安全防护、能源优化等方面发挥着重要作用。智能化的数据中心能够更好地应对复杂多变的业务需求，提高运营的效率，降低运营的成本。通过人工智能技术，数据中心能够实现自我诊断、自我优化和自我修复，这大大提高了运维的效率和系统的可靠性。人工智能技术在数据中心安全防护方面也有着重要应用，通过实时监测和预警，技术人员可以及时发现并处理潜在的安全威胁。

第二节　虚拟化技术

虚拟化技术将计算机的物理资源进行抽象、转换和模拟，创造出多个独立的虚拟资源或环境。虚拟化技术通过提高资源利用率、提供隔离且安全的应用执行环境、增强系统的灵活性和可移植性以及简化信息技术基础设施的管理和维护，为现代信息技术基础设施带来了深远影响。随着技术的不断进步，虚拟化技术将持续演进，为用户提供更加高效、安全、灵活的计算资源和服务。

一、虚拟化技术的定义和特征

（一）虚拟化技术的定义

从技术特性的角度分析，虚拟化技术是一种资源管理技术，是能够将计算机的各种计算资源（如CPU、内存、磁盘空间等）抽象后转换为多种配置环境。[1] 它通过特定的软件或硬件技术将计算机的各种实体资源（如内存、磁盘空间等）进行抽象和转换，使这些资源能够以逻辑视图的形式呈现给用户和应用程序。这种抽象化过程打破了实体结构间的限制，使得多个逻辑资源可以共享同一物理资源，从而提高了资源的利用率和灵活性。虚拟化技术允许在单个物理服务器上运行多个虚拟机，每个虚拟机都可以独立运行不同的操作系统和应用程序，实现了资源的动态分配和优化管理。

从应用目的的角度分析，虚拟化技术是一种旨在提高资源利用率、优化管理和增强灵活性的解决方案，它通过虚拟化软件或硬件平台，将有限的固定资源根据不同需求进行重新规划，以达到最大利用率的目的。虚拟化技术不仅提

---

[1] 张胜，钱柱中，梁瑜，等．边缘计算：一种应用视角［M］．北京：机械工业出版社，2024：49．

高了硬件资源的利用效率，降低了硬件的成本，还为用户提供了更加灵活、可扩展和可靠的计算环境。虚拟化技术还提供了相互隔离、安全、高效的应用执行环境，使得多个应用程序可以在相互独立的空间内运行而互不干扰，从而提高了系统的可靠性和可用性。虚拟化技术还在企业数据中心、云计算、大数据等领域得到了广泛应用，成为推动数字化转型和信息化建设的重要力量。

（二）虚拟化技术的特征

1. 资源的高效整合与动态分配

云计算也是一种信息技术的商业服务模式，而使其实现的关键技术则是虚拟化技术。[①] 虚拟化技术通过创建虚拟环境，将物理硬件资源抽象成多个虚拟资源，实现了资源的高效整合，这一特征使得多个操作系统和应用程序可以在同一台物理机上独立运行，从而提高了硬件资源的利用率。虚拟化技术还支持动态资源分配，能够根据实际需求灵活调整虚拟机的资源配额，确保关键业务获得足够的计算资源，避免资源的闲置和浪费。这种动态分配机制不仅提高了系统的响应速度和灵活性，还有助于降低运维的成本，并提高整体的效率。

2. 高隔离性与安全性

虚拟化技术提供了高隔离性的虚拟环境，每个虚拟机之间互相隔离，互不影响，这种隔离机制确保了应用程序在独立的空间内运行，避免了不同应用程序之间的干扰和冲突。虚拟化技术还通过多层安全防护措施，如访问控制、数据加密、漏洞扫描等，保障了虚拟机及其数据的安全性。这种高隔离性与安全性特征使得虚拟化技术在云计算、大数据等领域得到了广泛应用，为业务的安全稳定运行提供了有力保障。

3. 灵活部署且易于管理

虚拟化技术具有灵活部署的特点，支持在多种硬件平台和操作系统上部署虚拟机，从而满足了不同场景下的应用需求。虚拟化技术还提供了丰富的管理工具和接口，使得管理员可以方便地监控、配置和管理虚拟机，这些管理工具不仅简化了管理的流程，降低了管理的难度，还提高了管理的效率。虚拟化技术还支持自动化部署和配置，能够根据预设的策略和模板快速创建和配置虚拟机，进一步缩短了业务上线时间，提高了业务部署的灵活性。

---

① 胡伦，袁景凌. 面向数字传播的云计算理论与技术 [M]. 武汉：武汉大学出版社，2022：79.

二、虚拟化技术的原理和分类

（一）虚拟化技术的原理

1. 资源抽象与划分

虚拟化技术的核心在于资源抽象，即将物理资源（如服务器、存储设备、网络设备等）抽象为逻辑资源，从而创建出多个虚拟实体，这些虚拟实体（如虚拟机、虚拟网络、虚拟存储等）可以在同一物理硬件上独立运行，共享物理资源但彼此隔离。资源抽象不仅提高了资源的利用率，还增强了系统的灵活性和可扩展性。虚拟化技术通过引入虚拟化层，将物理硬件与操作系统进行分离，使得操作系统和应用程序能够在不知道底层物理硬件具体细节的情况下运行。虚拟化层负责拦截和重定向操作系统对硬件的访问请求，从而实现对物理硬件的共享、抽象和模拟。

2. 动态资源调度与管理

虚拟化技术能够实现动态资源调度与管理，即根据应用程序的需求和资源的变化，动态地调整虚拟机的资源配置。这包括内存、存储等计算资源的动态分配和回收以及虚拟机的创建、删除、迁移和备份等操作。动态资源调度与管理提高了资源的灵活性和响应速度，使得数据中心能够根据业务需求进行资源的快速调整和优化配置。

3. 虚拟机与虚拟环境的创建

虚拟化技术通过虚拟机监控器创建和管理虚拟机，每个虚拟机都包含自己的操作系统、应用程序和虚拟硬件资源。虚拟机可以在物理服务器上运行，并与其他虚拟机共享物理资源。虚拟化技术还可以创建虚拟网络、虚拟存储等虚拟环境，为应用程序提供隔离、可控的运行环境。这种虚拟机与虚拟环境的创建方式不仅提高了系统的安全性和稳定性，还降低了应用程序的部署和管理成本。

（二）虚拟化技术的分类

1. 按技术实现分类

虚拟化技术根据技术实现方式的不同可以分为全虚拟化、半虚拟化、硬件辅助虚拟化以及操作系统级虚拟化。其中全虚拟化技术通过虚拟机监控器在物理硬件和虚拟机之间创建一个抽象层，使虚拟机能够运行未经修改的操作系统，这种方式提供了良好的兼容性和隔离性，但可能带来一定的性能开销；半虚拟化技术则要求客户操作系统进行一定的修改，以直接利用虚拟机监控器提供的接口，从而减少了性能损失；硬件辅助虚拟化技术利用现代处理器中的虚拟化指令集，提高了虚拟化的性能和安全性；操作系统级虚拟化则在单个操作系统实例内部创建多个隔离的执行环境，它提供了轻量级的虚拟化解决方案，适用于特定的应用场景。

2. 按应用场景分类

虚拟化技术在不同的应用场景中发挥着重要作用，因此可以根据应用场景进行分类。服务器虚拟化是虚拟化技术中最为人熟知的一种，它将物理服务器资源抽象为多个虚拟机，提高了服务器的资源利用率和灵活性；桌面虚拟化则将用户的桌面环境、应用程序和数据迁移到数据中心，用户可以通过任何设备远程访问自己的桌面环境，提高了桌面管理的便捷性和安全性；存储虚拟化将物理存储设备组合成一个统一的存储池，简化了存储管理，提高了存储资源的利用率和灵活性。除了上述的应用场景之外，还有网络虚拟化、应用程序虚拟化、数据库虚拟化等多种应用场景，它们分别针对不同的需求，提供了相应的虚拟化解决方案。

三、虚拟化技术的应用场景和未来趋势

（一）虚拟化技术的应用场景

1. 云计算与数据中心管理

虚拟化技术是云计算和数据中心管理的核心组成部分。在云计算中，虚拟化技术使得计算资源、存储资源和网络资源能够被抽象化，形成虚拟资源池，从而允许用户根据需求动态地分配和使用资源。这种灵活的资源分配方式极大地提高了资源的利用率，降低了成本，并增强了系统的可扩展性和弹性。在数据中心管理中，虚拟化技术帮助管理员更有效地管理物理服务器、存储设备和网络资源，通过集中管理和自动化工具，降低了运维的复杂度和人力成本。

2. 企业信息技术环境优化

虚拟化技术的使用给企业的信息技术环境优化带来了显著的效果，通过服务器虚拟化，企业可以将多个操作系统和应用程序运行在同一台物理服务器上，提高了服务器的利用率和投入产出比。虚拟化技术还使企业能够轻松实现应用的快速部署和迁移，提高了业务灵活性和响应速度。在桌面虚拟化方面，员工可以通过网络访问虚拟化的桌面环境，实现了办公环境的灵活性和移动性，并简化了桌面环境的管理和维护。

3. 智慧城市建设与管理

虚拟化技术在智慧城市建设与管理中也扮演着重要角色，智慧城市建设要

求在智慧云数据平台中借助先进的网络信息技术和计算机云计算技术同步运行，在科学、高效的城市建设布局中充分实现综合、统筹、协调、可持续的城市空间拓展应用。[①] 智慧城市需要处理大量的数据和信息，包括交通流量、环境监测、能源消耗等。通过虚拟化技术，技术人员可以将这些数据和信息抽象化、集中化，并构建统一的数据处理和分析平台，这有助于城市管理者更全面地了解城市运行状况，做出更明智的决策，虚拟化技术还可以为智慧城市提供高效、可靠的计算和存储资源，支持各种智能应用的运行和部署。

（二）虚拟化技术的未来趋势

1. 平台开放化与连接协议标准化

随着云计算时代的来临，虚拟化技术正逐步走向平台开放化，封闭架构带来的不兼容性问题，限制了虚拟化技术的广泛应用和产业链的发展。因此，虚拟化管理平台将逐渐向开放平台架构转变，以支持多种虚拟机系统的共存和不同应用厂商的丰富云应用。桌面虚拟化连接协议的多样化也带来了终端兼容性的复杂化，随着桌面连接协议的标准化，将解决终端和云平台之间的广泛兼容性问题，形成良性的产业链结构，这将促进虚拟化技术在更广泛的领域得到应用，推动产业的发展。

2. 硬件辅助虚拟化与客户端硬件化

虚拟化技术的发展离不开硬件技术的支持，随着硬件辅助虚拟化技术的日趋成熟，虚拟化软件将能够更好地利用硬件资源，提高虚拟化的性能和效率。虚拟化客户端也将逐渐硬件化，通过硬件辅助处理来提升富媒体的用户体验。特别是对于智能手机等移动终端设备，硬件对虚拟化指令的辅助支持将大大推动虚拟化技术在移动终端的落地，这将为用户带来更加流畅、高效的虚拟化应用体验。

3. 安全与管理的深化

随着虚拟化技术的广泛应用，安全性和管理性成为虚拟化技术发展的重要方向，虚拟化技术需要不断提升安全性和性能，以满足日益增长的业务需求。虚拟化环境的管理也变得越来越复杂，需要新的管理工具和策略来应对。因此，虚拟化技术将更加注重安全性和管理性的深化发展，通过加强安全控制措施、优化管理工具和策略等手段，提高虚拟化技术的安全性和管理效率。

---

① 杨旸．智慧城市建设存在的问题与治理［J］．城市建设理论研究（电子版），2024（15）：223-225．

第三节 资源管理技术

资源管理技术是指一系列策略、工具和方法，旨在有效规划、分配、监控和优化组织内各类资源（包括人力资源、物质资源、信息资源和技术资源等）的使用。这些技术不仅关注资源的最大化利用效率，确保资源能够满足业务需求，同时还强调成本控制、风险管理以及资源的可持续性和环境友好性。资源管理技术不仅促进了资源的优化配置，还增强了组织的灵活性和响应速度，为实现高效运营和可持续发展奠定了坚实的基础。

一、资源管理技术的定义和特征

（一）资源管理技术的定义

资源管理技术是指对企业或组织所拥有的各种资源（包括人力、物力、财力、时间等）进行有效规划、组织、领导和控制的一系列手段和方法，这些技术旨在实现资源的优化配置和高效利用，以支持企业或组织战略目标的实现。这些技术不仅涉及资源的分配和调度，还包括资源的监控、优化以及风险管理等多个方面。通过这些技术，企业或组织能够最大化地发挥资源的价值，不断降低成本，增强竞争力，并促进可持续发展。总之，资源管理技术主要包括两个方面：一是对海量资源的统一管理，二是对资源的弹性管理。[1]

资源管理技术在项目管理中也扮演着至关重要的角色，它是指对项目所需的人员、设备、物资等资源进行有效的分配、调度和利用，以满足项目的要求。这些技术确保项目团队能够准确确定资源需求，制订合适的资源分配方案，并密切监控资源的使用情况。通过这种方式，项目管理团队可以优化资源的利用，提高项目的成功率和效率，并降低项目的成本和风险。这些技术在项目管理过程中起着关键的支持作用，有助于实现项目的整体目标。

---

[1] 苗春雨，杜廷龙，孙伟峰. 云计算安全：关键技术、原理及应用［M］. 北京：机械工业出版社，2022：8.

(二) 资源管理技术的特征

1. 高效性与优化性

资源管理技术通过集成先进的智能化算法和自动化流程，极大地提升了资源使用的效率，它能够实时分析资源的需求和供给情况，根据实际需求动态调整资源的分配，确保每一份资源都能得到最大化的利用，从而避免了资源的闲置和浪费。该技术还能够对资源进行全局优化，通过精细化的管理和调度，确保在各种复杂场景下资源都能得到最合理的配置和利用。高效性与优化性还体现在资源管理技术能够快速响应资源需求的变化，无论是突发性的资源需求增加，还是资源需求模式的转变，资源管理技术都能及时调整策略，以适应新的环境和需求，确保资源管理的持续高效和稳定。

2. 灵活性与可扩展性

资源管理技术具备高度的灵活性，能够轻松适应不同的应用场景和业务需求。无论是大型企业的复杂资源管理，需要处理海量的数据和复杂的业务流程，还是小型团队的简单资源调度，需要快速响应和灵活调整，资源管理技术都能提供有效的解决方案。随着业务的发展和资源的增加，资源管理技术可以方便地扩展其管理范围和功能，无论是增加新的资源类型，还是引入新的管理策略，其都能在不改变现有系统架构的前提下实现，从而确保资源管理的持续有效和适应性。这种灵活性与可扩展性使得资源管理技术能够适应不断变化的市场环境和技术趋势，为企业的发展提供强有力的支持。

3. 可靠性与安全性

资源管理技术高度重视资源的可靠性和安全性，通过一系列严格的措施确保资源的稳定供应和数据的保护。它采用冗余备份和故障恢复机制，能够在资源出现故障时迅速切换至备用资源，保障业务的连续性和稳定性。资源管理技术还具备强大的数据加密和访问控制功能，通过先进的加密算法和严格的访问控制策略，防止数据的泄露和非法访问，确保数据的机密性和完整性。资源管理技术还通过定期的安全审计和漏洞扫描，及时发现并修复潜在的安全隐患，进一步提升系统的安全性和可靠性。这种可靠性和安全性使得资源管理技术成为企业信赖的重要支撑工具，为业务的稳健发展提供有力的保障。

二、资源管理技术的原理和分类

(一)资源管理技术的原理

1. 系统优化原理

系统优化原理强调资源管理应被视为一个有机集合体,由多个相互作用和相互依赖的子系统组成,这些子系统具有特定的功能和共同的目的。在人力资源系统中,其表现为关联性、目的性、社会性、多重归属性等特征。为了实现系统优化,需要综合考虑各个子系统的需求和特点,通过合理的配置和协调,使整个系统达到最佳的运行状态。这要求管理者在资源配置、组织设计、流程优化等方面都要以系统整体效益为目标,进行科学的规划和决策。

2. 能级对应原理

能级对应原理在资源管理中,特别是人力资源管理中具有重要意义,在能级对应原理中,人与人之间在能力上存在显著的差异,这种差异是可以测评的。因此,在安排工作、岗位和职位时,管理者应根据人的能力大小进行匹配,即"能级对应",这不仅有助于人尽其才、才尽其用,还能激发员工的积极性和创造力。能级对应原理还要求承认能级的动态性、可变性与开放性,使人的能级与组织能级保持动态对应。这意味着随着组织的发展和外部环境的变化,员工的能级也会发生变化,管理者需要及时调整岗位和职责,以适应这种变化。

3. 互补增值原理

互补增值原理强调资源管理中各要素之间的互补性,在人力资源系统中,这种互补性体现在知识、气质、能力、关系等多个方面,通过合理的搭配和组合,可以充分发挥每个人的长处和优势,形成整体功能优化。例如,在团队建设中,管理者应注重团队成员在知识、技能和经验上的互补,以提高团队的整体效能。管理者还应关注团队成员在气质和性格上的互补,以营造和谐的工作氛围,提高团队的凝聚力和战斗力。这种互补性不仅有助于提升个人和团队的绩效,还能促进组织的持续发展和创新。

4. 动态适应原理

在动态适应原理中,资源管理应适应外部环境和内部条件的变化,进行动态调整和优化。在现代社会中,物质在动、信息在动、人力资源也在不断地流动。因此,管理者需要保持一种动态性开发的态势,及时应对各种变化和挑战,这要求管理者在资源配置、组织设计、流程优化等方面都要具有前瞻性和灵活性,能够根据实际情况进行快速调整和优化。管理者还需要建立有效的反馈机制，及时收集和分析各种信息，为决策提供依据。可见通过动态适应原理的应用可以使资源管理更加符合组织发展的需要，提高组织的竞争力和适应能力。

（二）资源管理技术的分类

1. 基于资源类型的管理技术

人力资源管理技术，它涉及项目团队成员的选拔、培训、绩效评估和激励机制。通过科学的招聘流程确保团队成员具备所需技能和经验，通过定期的培训保持团队竞争力，通过明确的绩效目标和评估标准确保团队工作方向一致，通过有效的激励机制激发团队积极性和创新能力。

物资资源管理技术，它涵盖项目所需物资和设备的采购、分配和维护。科学的采购流程确保物资质量和数量满足项目需求，合理的库存减少浪费，定期的设备检查和维护延长使用寿命，提高项目的执行效率。

财务资源管理技术，它涉及项目资金的预算、控制和分配。科学的预算编制和控制确保资金合理使用，有效的成本管理减少浪费，提高资金的利用率，合理的资金分配和调度确保项目各项任务顺利进行。

2. 基于管理过程的管理技术

资源预测技术，它在项目管理初期，对项目所需资源进行全面预测，这包括确定项目范围、任务分解、资源需求估计等。通过资源预测，项目经理可以更好地规划项目资源，确保资源的合理配置和有效利用。

资源分配技术，它在资源预测的基础上，对可用资源进行科学分配，这包括评估资源能力、进度和需完成的任务，找到拥有最相关技能的团队成员，并确保他们在需要时拥有所需的所有项目资源。资源分配技术旨在确保资源在正确的时间、正确的地点被正确使用。

资源监控与优化技术，它在项目实施过程中，对资源的使用情况进行持续监控和优化，这包括跟踪资源利用情况、发现未能有效利用的资源、重新分配资源或对资源管理计划进行更改等。通过资源监控与优化技术，项目经理可以及时发现并解决资源使用中的问题，确保项目的顺利进行。

三、资源管理技术的应用场景和未来趋势

（一）资源管理技术的应用场景

1. 企业运营管理

在企业运营管理方面，资源管理技术的应用至关重要，企业通常拥有大量

的资源，包括人力、物力、财力等，这些资源的合理配置和使用直接关系到企业的运营效率和竞争力。通过资源管理技术，企业可以对这些资源进行统一的规划、配置、控制和评估。例如，企业利用资源管理系统可以实现员工信息的统一管理、招聘选拔、培训发展、绩效考核和薪酬福利等人力资源业务的自动化和智能化，从而提高人力资源管理的效率，降低人力资源成本。资源管理技术还可以帮助企业实现生产资源的合理规划和调配，优化生产计划，降低库存成本，提高生产效率。在财务管理方面，资源管理技术可以实现对不同资源的财务归属进行标识，为企业的财务决策提供支持。

2. 云计算资源管理

在云计算领域，资源管理技术的应用同样具有重要意义，随着云计算技术的不断发展，越来越多的企业开始将业务迁移到云端，利用云资源来支持业务的发展，然而如何高效地管理和利用这些云资源成为企业需要解决的重要问题。事实上，资源管理技术在云计算领域的应用可以帮助企业实现对云资源的统一管理和优化。例如，通过资源目录技术，企业可以建立与业务要求相匹配的目录关系，将账号和资源分布在相应的位置，实现资源和账号的业务形态部署；标签技术可以满足不同部门对资源分类和管理的需求，从不同视角实现云资源的分类和管理；资源管理技术还可以帮助企业实现对云资源的实时监控和调度，提高资源的利用效率，降低企业运营的成本。

3. 城市建设与环境保护

在城市建设和环境保护方面，资源管理技术的应用同样发挥着重要作用。在城市建设中，资源管理涉及土地、能源、信息等资源的规划与管理，以确保城市发展的可持续性。通过资源管理技术，可以实现对这些资源的统一规划和管理，优化资源的配置，提高资源的利用效率。例如，利用地理信息系统技术，可以实现对城市土地资源的可视化管理和优化规划。在环境保护领域，资源管理技术的应用同样具有重要意义，通过资源管理技术可以实现对环境资源的监测和管理，推动资源的循环利用和生态平衡的维护。例如，利用物联网技术实现对环境资源的实时监控和调度，及时发现和解决环境问题；通过大数据分析技术预测资源需求，为环境保护决策提供有力的支持等。

（二）资源管理技术的未来趋势

1. 融合应用人工智能与大数据

随着人工智能技术的不断成熟和大数据的广泛应用，资源管理技术正逐步向智能化转型，这种转型不仅体现在资源管理的各个环节中，如资源分配、调度和监控，更体现在对资源需求的精准预测和智能决策上。人工智能是计算机科学的一个分支，是一种通过计算机模拟人类思维过程从而实现人类智能行为的技术。[①] 通过引入人工智能和机器学习技术，资源管理系统能够实现智能感知、智能分析和智能优化，从而大幅提高资源管理的效率和准确性。具体来说，大数据可以为资源管理提供丰富的数据支持，帮助管理者更全面地了解资源的使用情况和趋势。而人工智能技术则可以利用这些数据，通过算法模型进行深度学习和分析，为资源分配和调度提供科学的依据。例如，在人力资源管理中，人工智能技术可被应用于简历筛选、面试评估和员工行为分析等方面，帮助企业更精准地预测未来的人才需求，优化招聘和培训体系。

2. 普及数字化与远程化管理

随着信息技术的不断发展，越来越多的资源管理系统开始采用数字化手段进行管理和监控，这种数字化转型不仅提高了资源管理的效率和透明度，还使得资源可以在更广泛的范围内进行共享和优化配置。这样远程化管理也成为可能，通过远程监控和调度系统，管理者可以实时了解资源的使用情况和状态，进行及时的调整和优化，这种远程化管理的方式不仅降低了管理的成本，还提高了资源管理的灵活性和响应速度。在人力资源管理中，远程办公模式逐渐成为常态，企业为员工提供更加灵活的工作安排和完善的远程办公工具，以提高工作效率和员工的满意度。

3. 推动绿色化与可持续发展

在全球气候变化和资源日益紧张的背景下，如何实现资源的循环利用和生态平衡维护成为资源管理的重要课题，因此绿色化管理理念和技术手段的应用将逐渐成为主流。具体来说，绿色化管理要求资源管理者在资源分配、调度和监控等各个环节中都要注重环境保护和可持续发展。例如，在能源管理中，管理者可以采用智能电网和分布式能源系统等技术手段来实现能源的优化配置和高效利用；在物资管理中，管理者可以采用循环经济和绿色供应链管理等理念来推动物资的循环利用和减少浪费，管理者还需要加强跨部门、跨地区的协同合作，共同推动资源的绿色化和可持续发展。

第四节　云存储技术

云存储技术是一种基于云计算的数据存储模型，它将海量的数据资源集中

[①] 李杰，张琳，黄颖. 科学计量学手册 [M]. 北京：首都经济贸易大学出版社，2023：364.

存储在由大量服务器组成的分布式系统中，通过网络对外提供数据存储、访问和管理服务。云存储技术以其高可扩展性、高可用性、低成本和易于访问的特性，正在逐步改变传统的数据存储方式。云存储技术允许用户按需获取存储空间，并根据实际使用情况动态调整资源，有效降低了存储成本。随着技术的不断进步，云存储将在未来继续发挥重要作用，推动数据密集型应用的快速发展。

一、云存储技术的定义和特征

（一）云存储技术的定义

云存储是一种网上在线存储的模式，即把数据存放在通常由第三方托管的多台虚拟服务器上，而非专属的服务器上。[①] 云存储技术是在云计算概念上延伸和发展出来的一种新兴的网络存储技术，它通过网络将大量各种不同类型的存储设备集合起来，形成一个统一的存储资源池，为用户提供按需使用、弹性扩展的存储服务。这种技术不仅降低了用户的数据存储成本，还提高了数据访问的便捷性和安全性，云存储技术采用分布式存储架构，将数据分散存储在多个物理节点上，通过自动化的资源管理和调度机制，实现了存储资源的动态调整和优化利用。

云存储技术也可以理解为一种创新的数据存储服务，它通过分布式、虚拟化、智能配置等技术，实现海量、可弹性扩展、低成本、低能耗的共享存储资源，用户可以通过网络连接云端存储资源，随时随地存储和访问数据。云存储技术具有高可靠性、高可用性等特征，这些特征是依靠分布式接入、全局访问空间、虚拟化感知能力、数据流动能力、空间智能分配和绿色节能等技术来实现的。云存储技术不仅提供了数据存储的功能，还通过应用接口层提供了丰富的应用服务，如视频监控、视频点播、网络硬盘和远程数据备份等。

（二）云存储技术的特征

1. 高可扩展性和动态伸缩性

云存储技术具有极高的可扩展性，能够根据用户的需求动态调整存储资源，随着数据量的增加，云存储系统可以轻松地通过添加新的存储节点或服务器来扩展存储容量，无需担心存储空间的限制。云存储系统还能够实现动态伸缩，即根据读/写性能和存储需求的变化，自动调整系统的性能，确保在各种

---

① 洪波，王中生. 未来网络与物联网［M］. 西安：陕西人民出版社，2022：198.

负载下都能提供稳定的服务。这种高可扩展性和动态伸缩性使得云存储能够轻松应对各种规模和复杂度的数据存储需求,为用户提供灵活、高效的存储解决方案。

2. 高可靠性和数据冗余性

云存储技术通过采用多副本复制、节点故障自动容错等技术,确保了数据的高可靠性和可用性,在云存储系统中,数据通常会被复制到多个存储节点上,以实现数据的冗余存储。即使某个存储节点出现故障或损坏,系统也能够自动切换到其他正常的存储节点上,继续提供服务,从而避免了数据的丢失和服务的中断。云存储系统还会定期对数据进行备份和恢复测试,以确保数据的完整性和可恢复性。这种高可靠性和数据冗余性使得云存储成为企业数据存储和备份的首选方案,能够为企业提供安全、可靠的存储保障。

3. 便捷性和低成本性

云存储是一种网上在线存储的模式。[①] 云存储技术为用户提供了便捷的访问方式,只要有互联网连接,用户就可以随时随地访问存储在云端的数据,这种便捷性使得用户无需担心数据的存储位置和访问方式,可以更加专注于业务的开展和创新。云存储技术还能够显著降低企业的存储成本。由于云存储系统通常采用虚拟化技术,可以将多个物理存储设备整合成一个统一的资源池,实现资源的共享和优化利用。这使得企业无需购买大量的硬件设备,也无需聘请专门的信息技术维护人员,就能够获得足够的存储空间和高效的存储服务。云存储通常采用按需付费的模式,企业只需要根据实际使用的存储空间和服务来支付费用,避免了资源的浪费和成本的增加。

二、云存储技术的原理和分类

(一)云存储技术的原理

1. 分布式存储架构

云存储技术采用分布式存储架构,将数据分散存储在多个物理节点上,这种架构的核心优势在于其高可扩展性和高可用性,通过分布式存储,系统能够轻松应对数据量的快速增长,实现弹性扩缩容。每个存储节点都具备独立的数据处理能力,能够独立完成数据的读写操作,从而提高了数据访问的效率。分布式存储架构还通过数据冗余和容错技术,确保了数据的可靠性和安全性。具体而言,系统会对数据进行多份备份,并将备份数据存储在不同的物理节点

---

① 洪波,王中生,王建国. 未来网络与物联网 [M]. 西安:陕西人民出版社,2022:198.

上，当某个节点发生故障时，系统可以自动从其他节点获取备份数据，恢复故障节点的数据，从而保证了数据的持续可用性。

2. 数据访问与管理

云存储技术提供了统一的数据访问接口和管理平台，使用户能够方便地访问和管理存储在云端的数据，用户可以通过网络连接到云存储系统，使用标准的文件访问协议等进行数据读写操作。这种统一的数据访问方式极大地简化了数据管理的复杂性，提高了数据访问的便捷性，云存储系统还提供了丰富的数据管理功能，如数据备份、恢复、迁移等，帮助用户实现数据的安全存储和高效利用。这些功能不仅增强了数据的保护能力，还提高了数据的灵活性和可移动性，使用户能够根据需要随时调整数据存储策略。

3. 虚拟化技术

虚拟化技术是云存储技术的核心之一，它通过将物理存储资源虚拟化为逻辑存储资源，实现了存储资源的统一管理和灵活调度。虚拟化技术打破了物理存储设备的限制，使用户能够按需申请和使用存储资源，无需关心底层物理设备的具体配置和管理。这种资源池化的管理方式不仅提高了存储资源的利用率，还降低了用户的存储成本。虚拟化技术还为云存储系统提供了灵活的资源扩展能力，使用户能够根据需要轻松增加或减少存储资源，从而满足不断变化的数据存储需求。

(二) 云存储技术的分类

1. 基于数据存储方式的分类

对象存储，对象存储是一种将数据以对象的形式进行存储的技术，每个对象包含数据本身、元数据以及唯一标识符。对象存储具有高可扩展性、高可靠性、低成本等优势，适用于存储大量非结构化数据，如图片、视频、文档等。

块存储，块存储将数据分成固定大小的块进行存储，类似于传统的磁盘存储方式。块存储通常提供高性能、低延迟的存储服务，适用于需要连续数据访问的应用场景，如数据库、虚拟机镜像等。块存储还支持数据冗余存储，以提高数据的可靠性和可用性。

文件存储，文件存储是一种基于文件的存储方式，支持多种操作系统的访问，文件存储可以为用户提供共享存储服务，适用于需要共享文件、目录和子目录的场景，如企业文件共享、备份数据的存储等。文件存储也支持数据冗余存储，确保数据的安全性。

2. 基于数据存储架构的分类

集中式存储，集中式存储将数据集中存储在一个或多个物理设备上，通常通过磁盘阵列等技术实现。集中式存储提供高性能、高可靠性的存储服务，但可能存在单点故障的风险，为了提高数据的可靠性和可用性，通常采用专门的技术进行数据保护。

分布式存储，分布式存储将数据分散存储在多个物理设备上，通常采用分布式文件系统或分布式数据库等技术实现。分布式存储具有高可扩展性、低成本等优势，适用于存储大规模数据，分布式存储还支持数据冗余存储和故障恢复机制，以提高数据的可靠性和可用性。

虚拟化存储，虚拟化存储通过在物理存储设备上添加一层虚拟化层，将存储资源抽象成虚拟存储池或虚拟卷，供上层应用使用。虚拟化存储可以提供更灵活、高效的存储资源分配和管理方式，并支持数据迁移、快照等高级功能。虚拟化存储还可以与云计算技术相结合，实现云存储服务的动态扩展和按需使用。

三、云存储技术的应用场景和未来趋势

（一）云存储技术的应用场景

1. 企业内部数据管理与协作

在企业内部，云存储为员工提供了高效便捷的数据共享和协作环境，企业可以利用云存储服务等，实现文档、图片、视频等各种类型文件的统一管理和分享，员工可以在任何时间、任何地点访问到所需资料，极大地提高了工作效率。云存储平台支持多人实时在线编辑同一份文档，使得团队成员能够即时沟通、讨论和修改内容，减少了邮件往返的时间成本。企业可通过搭建私有云存储服务，对项目相关的文件进行分类归档，并设置权限管理，确保信息的安全性和有效性。例如，在客户关系管理中，云存储中的客户数据备份便于维护客户联系信息、订单记录及营销活动数据，这有助于快速分析和响应客户的需求。

2. 电子商务与网络营销

在电子商务领域，云存储也发挥着重要作用，电商平台及商家在经营过程中积累了大量的用户行为数据、产品图片、商品详情页等内容，这些都需要高效的存储解决方案。云存储服务提供高并发、低延迟的图片和视频上传、处理和分发能力，帮助电商网站优化用户体验，提高页面加载速度。商家可借助云存储空间来存储各类库存信息、订单状态等重要数据，以便进行多端同步和实时更新，减少库存误操作风险。云存储平台还可以作为大数据分析系统的数据源，对用户浏览、购买、搜索等行为数据进行实时清洗、汇总并进一步挖掘商业价值。

3. 媒体行业与创作

媒体公司和创作者在拍摄、剪辑、渲染和分发作品的过程中，也常常依赖云存储技术，专业制作者可以将原始素材、中间过渡片段及最终成片上传至云存储服务，实现跨地域的协作和备份。视频流媒体服务商也会使用云存储以快速分发高清内容给全球观众。对于图像处理与特效，一些软件允许用户直接在云端工作，对大型图像文件、复杂合成项目进行编辑和分享，这大大降低了对本地硬件的需求。云存储服务还可为企业提供数字水印、版权标识等功能，有效防止未经授权的下载和二次传播，保障原创者的权益。

(二) 云存储技术的未来趋势

1. 分布式存储技术的发展与智能化升级

随着数据量的爆炸性增长，传统的集中式存储方式已经难以满足现代企业和用户对存储容量、性能和可靠性的需求。分布式存储技术通过将数据分散存储在多个物理位置上，这不仅提高了数据的可靠性和可用性，还通过并行处理和负载均衡等技术手段，实现了存储系统的高性能和可扩展性。在未来，分布式存储技术将进一步发展，与智能化技术相结合，实现存储资源的自动分配、优化和故障预测。例如，利用机器学习算法对存储系统的运行状态进行实时监控和分析，预测潜在的故障点并进行预处理，从而避免数据丢失和服务中断。分布式存储系统还将更加注重数据的安全性和隐私保护，采用先进的加密技术和访问控制机制，确保数据在传输和存储过程中的安全性。

2. 量子计算与云存储的结合带来革命性变化

量子计算以其超强的计算能力，能够在极短时间内处理复杂的数据运算，这为数据存储的加密和解密带来了新的可能性。在未来，量子计算与云存储的结合将成为云存储技术的一大创新点。通过利用量子计算的特性，云存储系统可以实现更高效的数据加密和解密操作，提高数据的安全性。量子计算还可以用于优化存储系统的数据布局和访问路径，进一步提高存储系统的性能和响应速度。随着量子计算技术的不断成熟和商业化应用，未来将有更多的云服务提供商将量子计算纳入其云存储解决方案中，为客户提供更加安全、高效和可靠的存储服务。

3. 边缘计算与云存储的紧密结合提升数据处理效率

边缘计算通过在数据生成的本地进行处理，减少了数据传输的延迟和带宽消耗，对于需要实时数据处理的应用场景具有重要意义。在未来，边缘计算将与云存储更加紧密地结合，实现数据的本地化处理与云端存储的协同工作。这种结合方式不仅可以降低数据传输的成本和风险,还可以提高数据处理的效率和实时性。例如,在物联网和智慧城市等应用场景中,传感器和智能设备生成的大量数据可以通过边缘计算进行初步处理和分析,然后将有价值的数据上传至云存储系统进行长期保存和进一步分析。这种处理方式不仅可以减轻云存储系统的负担,还可以提高整个系统的性能和响应速度。随着5G等高速网络技术的普及和应用,边缘计算与云存储的结合将更加便捷和高效,为各种应用场景提供更加优质的存储和数据处理服务。

第三章　网络安全基础

在数字化时代，网络已成为信息交流和资源共享的主要平台。然而，随着网络的广泛应用，网络安全问题也日益凸显，成为制约信息化发展的一大瓶颈。本章将深入探讨网络安全的基础理论，旨在帮助读者理解网络安全的核心概念、体系结构以及面临的主要风险，为构建安全、可靠的网络环境奠定基础。

第一节　网络安全的概念与重要性

一、网络安全的概念

网络安全是指网络系统的硬件、软件及其系统中的数据受到保护，不受偶然的或者恶意的原因而遭到破坏、更改、泄露，系统连续、可靠、正常地运行，网络服务不中断。[1] 它不仅仅局限于技术层面，还涉及管理、法律、伦理等多个方面。网络安全的目标是确保信息的机密性、完整性、可用性和可控性，从而保证网络系统的正常运行和用户的合法权益。

二、网络安全的重要性

网络安全的重要性不言而喻，它关系到国家安全、社会稳定、经济发展以及个人隐私等多个方面。

---

[1] 中国煤炭工业协会信息化分会. 煤炭企业网络安全工作指南 [M]. 徐州：中国矿业大学出版社，2022：1.

（一）国家安全

网络安全是国家安全的重要组成部分，它关乎国家的政治稳定、经济安全、军事防御以及文化主权。随着信息技术的迅猛发展，网络空间已成为国家间竞争与对抗的新战场。网络攻击不再仅仅是技术层面的较量，更是国家意志和战略利益的直接体现。黑客组织、恐怖分子甚至其他国家势力，都可能通过网络攻击来窃取国家机密、破坏关键基础设施、煽动社会动荡，从而对国家安全构成严重威胁。

因此，加强网络安全防护，构建完善的网络安全体系，对于维护国家在网络空间的主权和安全利益至关重要。具体来说，国家需要通过立法、执法和技术手段，全面加强网络安全监管和防御能力。这包括制定和执行严格的网络安全法律法规，打击网络犯罪和网络间谍活动；建立网络安全应急响应机制，及时应对和处置网络攻击事件；加强关键信息基础设施的安全防护，确保国家重要数据和系统的安全稳定运行。同时，我们要开展系统且务实的国际合作活动，如加入国际公约、共享信息技术以及制定网络安全国际规则等。[1]

（二）社会稳定

网络已经成为人们获取信息、交流思想、表达意见的重要平台，它极大地促进了信息的传播和交流。然而，网络谣言、网络暴力、网络诈骗等违法行为时有发生，严重破坏了网络秩序和社会稳定。这些行为不仅误导公众，损害公共利益，还可能引发社会恐慌和动荡。为了维护社会稳定，必须加强对网络空间的监管。政府和相关机构应建立健全网络举报和投诉机制，及时发现和处理网络违法行为，还需要加强网络素养教育，提高公众的网络道德意识和法律意识，引导公众文明上网、理性发言，维护网络空间的健康和稳定。

（三）经济发展

随着电子商务、云计算、大数据等新兴产业的快速发展，网络已经成为经济发展的重要引擎。然而，网络攻击、数据泄露等安全事件时有发生，给企业和个人带来了巨大的经济损失。这些事件不仅破坏了企业的正常运营，还可能泄露客户的个人信息和商业秘密，导致企业信誉受损、市场份额下降。为了保障网络经济的健康发展，必须加强网络安全防护。这包括加强企业自身的网络

---

[1] 程乐，裴佳敏，李俭. 一带一路数字网络治理体系研究［M］. 北京：中国民主法制出版社，2022：239.

安全建设,如完善网络安全管理制度、提升网络安全防护技术、加强员工网络安全培训等,政府也需要加强对网络经济的监管和扶持,推动网络安全产业的发展,提高网络安全服务的水平和质量。

(四) 个人隐私

随着互联网的普及和社交媒体的发展,人们的个人信息和隐私越来越容易被泄露和滥用。网络攻击者可以通过各种手段获取用户的个人信息,进行诈骗、敲诈勒索等违法行为,这不仅损害了用户的个人利益,还可能对用户的心理和生活造成严重影响。为了保护个人隐私,必须加强对网络空间的监管。政府应建立健全个人信息保护制度,明确个人信息收集、使用、保护等方面的规定和要求,还需要加强公众的个人信息保护意识教育,引导公众正确保护自己的个人信息和隐私。

第二节 网络安全体系结构

网络安全体系结构是确保网络空间安全的基础框架,它涉及多个层次、多个方面的安全措施和技术手段。随着信息技术的不断发展,网络安全威胁日益复杂和多样化,因此,构建一个全面、有效、可持续的网络安全体系结构显得尤为重要。

一、网络安全体系结构的组成

网络安全体系结构通常由以下几个主要部分组成,这些部分相互协作,共同确保网络系统的安全性。

(一) 安全策略

安全策略是网络安全体系结构的基石。它定义了网络系统的安全目标、安全原则和安全控制措施,为整个网络安全防护提供了指导和依据。安全策略的制定需要考虑网络系统的特点和需求,以及潜在的安全威胁和风险。例如,安全策略可以规定哪些数据需要加密处理,哪些用户需要进行身份验证和授权,以及如何处理安全事件等。这些规定有助于确保网络系统的安全性和合规性,降低安全风险。

(二) 安全机制

安全机制是实现安全策略的具体技术手段和方法。它包括加密技术、认证技术、访问控制技术、防火墙技术等，用于保护网络系统的机密性、完整性、可用性和可控性。加密技术可以对敏感数据进行加密处理，防止数据在传输过程中被窃取或篡改；认证技术可以对用户进行身份验证和授权，确保用户身份的真实性和合法性；访问控制技术可以对数据的访问权限进行严格控制，防止未经授权的访问和操作；防火墙技术则可以对网络流量进行过滤和监控，防止恶意流量的入侵。

(三) 安全管理

安全管理是确保网络安全体系结构有效运行的关键。它包括安全审计、安全监测、安全事件响应等多个方面，用于及时发现和处理网络系统中的安全漏洞和威胁。安全审计可以对网络系统的安全配置和运行情况进行定期检查和评估，发现潜在的安全问题和风险；安全监测则可以对网络系统的运行状态进行实时监测和分析，及时发现异常行为和攻击行为；安全事件响应则可以对发生的安全事件进行快速响应和处理，降低安全事件的危害和影响。这些安全管理措施的应用，有助于确保网络安全体系结构的持续有效性和稳定性。

(四) 安全基础设施

安全基础设施是支撑网络安全体系结构运行的基础设施。它包括网络安全设备、安全软件、安全服务等，用于提供网络安全防护的基础能力和支持。网络安全设备如防火墙、入侵检测系统、安全网关等，可以对网络流量进行过滤和监控，防止恶意流量的入侵；安全软件如防病毒软件、漏洞扫描工具等，可以对网络系统进行定期检测和修复，提高系统的安全性和稳定性；安全服务如安全咨询、安全培训等，则可以为网络系统提供全方位的安全支持和服务。

二、网络安全体系结构的层次模型

网络安全体系结构通常采用层次模型来描述其结构和功能。以下是一个典型的网络安全体系结构层次模型，该模型将网络安全划分为物理层安全、网络层安全、系统层安全、应用层安全和管理层安全五个层次。

(一) 物理层安全

物理层安全，作为网络安全体系的基石，其核心在于确保网络设备的物理安全及其稳定运行,从而构建起整个网络安全体系的物理防线。在物理层安全中,对网络设备进行严格的物理隔离与保护措施是至关重要的。这包括但不限于对网络设备的物理位置进行合理规划,确保其远离潜在的自然灾害和人为破坏风险;采用门禁系统、监控摄像头等物理手段,对设备访问进行严格控制,防止未经授权的访问和潜在破坏。

物理层安全还强调对网络设备所处环境的监测与控制。这要求对网络设备所处的机房、数据中心等环境进行严格的温湿度控制、防尘防鼠等措施,确保环境条件的适宜性和稳定性。此外,还需建立完善的防灾防损体系,包括配备消防系统、防雷设施等,以应对可能发生的自然灾害。通过定期对网络设备进行维护与保养,如清洁、散热检查等,可以有效降低设备故障率和损坏风险,确保物理层安全的稳固构筑。在此基础上,物理层安全还需与网络安全体系的其他层面紧密结合,共同构建起全面的网络安全防护体系。

(二) 网络层安全

网络层安全聚焦于网络传输过程中的安全保障,是确保网络通信机密性、完整性和可靠性的关键所在。在网络层安全中,采用安全的网络通信协议是基础。这要求通信协议具备强大的加密能力,能够为数据传输提供坚实的加密保护,防止数据在传输过程中被截获或篡改,通信协议还须具备完整性校验机制,确保数据在传输过程中保持原样,未被篡改或破坏。

除了安全的通信协议外,网络层安全还强调对网络设备进行精确配置与管理。这要求网络管理员具备丰富的网络知识和实践经验,能够准确识别并配置网络设备,避免配置错误或漏洞成为安全风险的源头,还需建立定期的网络设备巡检机制,及时发现并修复潜在的安全隐患。在此基础上,对网络流量实施持续监控与分析也是网络层安全的重要一环。通过采用先进的网络流量监控技术,可以实时监测网络流量的异常变化,及时发现并应对异常通信行为。这不仅有助于提升网络层安全的动态防御能力,还能为网络安全事件的追溯与应对提供有力支持。

(三) 系统层安全

在系统层安全中,定期对系统进行漏洞扫描与修复是基础。这要求系统管理员具备丰富的安全知识和实践经验,能够准确识别并及时修复操作系统和应用程序中的潜在漏洞,防止漏洞被恶意攻击者利用。同时,还需建立定期的系统更新机制,确保系统能够及时获得最新的安全补丁和功能更新。

除了漏洞扫描与修复外,系统层安全还强调对用户权限实施精细化管理。

这要求系统管理员根据用户的角色和职责，为其分配适当的访问权限，确保访问控制的严格性和有效性。同时，还需建立定期的用户权限审查机制，及时发现并纠正权限分配不当的问题。在此基础上，建立安全审计与日志记录体系也是系统层安全的重要一环。通过记录系统操作日志、异常行为日志等，可以为安全事件的追溯与应对提供有力支持。

（四）应用层安全

应用层安全关注应用程序本身及其与用户交互过程中的安全需求，是保护应用程序完整性和用户数据隐私的关键所在。在应用层安全中，定期对应用程序进行漏洞检测与修复是基础。这要求开发人员具备丰富的安全编程知识和实践经验，能够准确识别并及时修复应用程序中的潜在漏洞，防止漏洞被恶意攻击者利用。同时，还需建立定期的应用程序更新机制，确保应用程序能够及时获得最新的安全补丁和功能更新。

除了漏洞检测与修复外，应用层安全还强调采用数据加密技术对用户数据进行加密存储与传输。这要求应用程序在存储用户数据时，采用高强度的加密算法进行加密处理，确保数据在存储过程中不被泄露或篡改。同时，在数据传输过程中，也需采用安全的通信协议和数据加密技术，确保数据在传输过程中保持机密性和完整性。此外，通过身份认证与授权机制，可以确保用户身份的真实性与合法性。这要求应用程序在用户登录时，采用多因素认证等方式对用户身份进行验证；在用户访问敏感资源时，根据用户的角色和权限进行授权控制。这些措施共同构建起应用层安全的坚实防线，为应用程序的完整性和用户数据的隐私提供有力保障。

（五）管理层安全

管理层安全在网络安全体系中占据核心地位，致力于构建并维护一个高效、全面的网络安全管理体系。在管理层安全中，制定并执行一套涵盖数据保护、访问控制、系统安全等多个方面的安全政策是基础。这些政策需明确全体员工在网络安全方面的职责和义务，确保网络安全的基本准则得到有效执行。同时，管理层还需定期组织安全培训活动，提升员工的安全意识和应对能力。这些培训活动可以涵盖网络安全基础知识、常见安全威胁及防御措施等内容，帮助员工了解网络安全的重要性和紧迫性，掌握基本的安全操作技能和应对方法。

第三节 网络安全存在的风险和问题

网络安全，作为信息时代的重要基石，对于维护国家安全、社会稳定以及个人隐私具有重要意义。然而，随着信息技术的飞速发展和互联网的广泛普及，网络安全面临着前所未有的挑战和威胁。

一、网络攻击手段多样化

病毒与木马作为网络攻击的主要手段，其危害不容忽视。病毒是一种能够自我复制并传播的恶意软件，它通过各种途径感染计算机系统，如电子邮件附件、下载的软件或文件共享等。一旦病毒侵入系统，它会迅速扩散，破坏数据文件，窃取敏感信息，甚至占用系统资源，导致系统崩溃。木马则是一种更为隐蔽的恶意程序，它伪装成合法的软件，诱骗用户下载安装。一旦木马程序运行，攻击者就能远程控制受害者的计算机，进行各种非法操作，如窃取个人信息、监听网络通信、篡改系统数据等。

钓鱼攻击是另一种常见的网络攻击手段。攻击者通过伪造网站或邮件，模仿合法的网站或机构，诱骗用户输入敏感信息，如账号、密码、信用卡号等。一旦用户上钩，这些信息就会被攻击者窃取，用于实施盗窃或诈骗。钓鱼攻击的手法不断翻新，攻击者会利用人们的信任心理和好奇心，设计各种陷阱，使得用户难以分辨真伪。因此，提高用户的防范意识和识别能力至关重要。

中间人攻击是一种更为隐蔽的网络攻击手段。攻击者通过拦截和篡改通信双方的通信内容，来窃取信息或进行欺诈。这种攻击方式往往发生在网络通信的传输过程中，攻击者会利用技术手段监听、修改或重定向数据包。由于中间人攻击难以察觉，它往往能长时间存在而不被发现。因此，加强网络通信的安全性和保密性至关重要。

二、网络安全防护体系薄弱

操作系统、应用软件等存在的安全漏洞，为攻击者提供了可乘之机。这些漏洞可能源于编程错误、设计缺陷或配置不当等原因。一旦攻击者发现并利用这些漏洞，就能对系统进行攻击和破坏。因此，及时修复系统漏洞是保障网络安全的重要措施之一。

用户密码设置过于简单或长期不更换密码，都会增加被破解的风险。简单的密码容易被暴力破解或字典攻击等方式攻破；而长期不更换密码则可能因密码泄露而导致安全风险。因此，建议用户采用复杂且独特的密码，并定期更换密码以增加安全性。

防火墙作为网络安全的第一道防线，其配置和管理至关重要。如果防火墙配置不当或管理不善，将大大降低其防护效果。例如，防火墙规则设置过于宽松或过于严格都可能导致安全问题。宽松的规则可能允许未经授权的访问和攻击；而严格的规则则可能阻止合法的网络通信和服务。因此，合理配置和管理防火墙是保障网络安全的关键措施之一。

安全更新滞后也是网络安全防护体系中的一个问题。随着技术的不断发展，新的安全漏洞和威胁不断涌现。如果系统和软件的安全更新不及时，就可能导致已知漏洞得不到及时修复，从而增加被攻击的风险。因此，及时安装系统和软件的安全更新是保障网络安全的重要措施之一。

三、数据泄露与隐私保护问题

数据泄露也与网络安全风险密切相关，两者往往交织在一起不断发生。[1]随着互联网的普及和数字化转型的加速推进，企业和组织积累了大量的敏感数据。这些数据包括个人身份信息、财务信息、交易记录等。然而，由于安全措施不到位或管理不善等原因，这些数据往往容易被非法获取或泄露。数据泄露不仅会导致个人隐私泄露和财产损失，还可能对企业声誉和业务运营造成严重影响。

个人隐私保护也是网络安全领域的一个重要问题。在互联网环境中，个人隐私信息容易被收集和利用。例如，社交媒体平台会收集用户的个人信息和社交关系；电商平台会收集用户的购物习惯和消费记录等。这些信息如果被不法分子利用，就可能进行精准诈骗或恶意营销等行为。因此，加强个人隐私保护至关重要。企业和组织应该采取必要的技术和管理措施来保护用户的个人隐私信息，如加密存储、访问控制等。

随着全球化的深入发展，数据跨境流动日益频繁。然而，不同国家和地区的数据保护法律和标准存在差异，这增加了数据泄露的风险。在数据跨境流动过程中，企业和组织需要充分了解并遵守相关国家和地区的法律法规，以确保数据的安全性和合规性。

---

[1] 金融科技理论与应用研究小组. 金融科技知识图谱 [M]. 北京：中信出版社，2021：241.

四、网络安全人才培养与技能提升不足

随着网络安全威胁的日益严峻和技术的不断发展，网络安全人才的需求不断增加。然而，目前网络安全人才的培养速度远远跟不上需求的增长速度。这导致在网络安全领域存在严重的人才缺口，使得许多企业和组织难以找到合适的网络安全人才来保障其网络安全。因此，加强网络安全人才的培养和引进是缓解人才短缺问题的有效途径之一。政府和企业应该加大对网络安全人才的培养和引进力度，提供更多的培训和教育机会来培养网络安全人才。

网络安全技术更新迅速，新的攻击手段和防御技术不断涌现。然而，部分从业人员的技能提升速度跟不上技术的发展步伐。这导致他们在面对新型网络威胁时往往无法及时采取有效的应对措施。因此，加强网络安全技能的提升和培训是保障网络安全的重要手段之一。政府和企业应该加强对网络安全从业人员的培训和教育力度，提供最新的技术和知识来帮助他们提升技能水平，还应该鼓励从业人员积极参与网络安全实践和交流活动，不断学习和探索新的技术和方法。

现有的网络安全培训体系往往侧重于理论知识的传授，缺乏实践操作的培训和实践经验的积累。这导致许多从业人员在掌握理论知识后往往难以将其应用于实际工作中。因此，加强网络安全培训体系的完善和实践操作的培训是提升从业人员技能水平的关键措施。政府和企业应该加强对网络安全培训体系的投入和建设力度，提供更多的实践机会和案例来帮助从业人员更好地理解和掌握网络安全技术，还应该鼓励从业人员积极参与网络安全项目和实践活动，不断积累实践经验和提升技能水平。

第四章 网络攻击与防御

在当今的数字化时代，网络攻击与防御成为了信息安全的两大核心议题。网络攻击的形式多种多样，其中缓冲区溢出攻击、拒绝服务攻击以及欺骗攻击是三种尤为常见的攻击方式。这些攻击手段不仅威胁着个人用户的信息安全，而且对企业乃至国家的网络安全构成了严峻挑战。为了应对这些网络威胁，需要深入研究攻击的原理和机制，并采取有效的防御措施，构建坚实的网络安全防线。本章将论述缓冲区溢出攻击、拒绝服务攻击以及欺骗攻击的基本知识及其防御措施。

第一节 缓冲区溢出攻击与防御

缓冲区溢出攻击是网络安全领域中的一种常见且危害严重的攻击手段。它利用程序中存在的缓冲区溢出漏洞，通过向缓冲区写入超出其容量的数据，导致数据溢出并覆盖相邻的内存空间，从而破坏程序的正常运行，甚至执行恶意代码。[1]

一、缓冲区溢出的基本概念

缓冲区是一块连续的计算机内存区域，用于将数据从一个位置移到另一位置时临时存储数据。这些缓冲区通常位于随机存取存储器内存中，可保存相同数据类型的多个实例，如字符数组。计算机经常使用缓冲区来帮助提高性能，大多数现代硬盘驱动器都利用缓冲优势来有效地访问数据，并且许多在线服务也使用缓冲区。例如，在线视频传送服务经常使用缓冲区以防止中断。在流式

---

[1] 肖蔚琪，贺杰，何茂辉，等. 计算机网络安全 [M]. 武汉：华中师范大学出版社，2022：230.

传输视频时，视频播放器一次下载并存储一定比例的视频到缓冲区，然后从该缓冲区进行流式传输，连接速度的小幅下降或快速的服务中断都不会影响视频流性能。

缓冲区溢出是指当一段程序尝试把更多的数据放入一个缓冲区，数据超出了缓冲区本身的容量，使数据溢出到被分配空间之外的内存空间，导致溢出的数据覆盖了其他内存空间的合法数据。

二、缓冲区溢出攻击的类型

缓冲区溢出攻击，作为一类历史悠久的网络安全威胁，至今仍然是众多系统安全领域专家关注的重点。这类攻击的核心在于利用程序在处理输入数据时未能正确进行边界检查，导致数据溢出到原本不应访问的内存区域，从而破坏程序的正常执行流程或执行攻击者精心设计的恶意代码。

（一）栈溢出攻击

栈溢出攻击是最直观也是最常见的缓冲区溢出攻击方式。在大多数现代操作系统和编程环境中，函数调用时，函数的参数、局部变量以及返回地址都会被存储在栈上。攻击者通过向易受攻击的程序输入超过缓冲区大小的数据，可以覆盖栈上的这些关键信息。尤其是覆盖函数返回地址使函数执行完毕后，程序不会返回到正确的下一条指令地址，而是跳转到攻击者指定的恶意代码地址执行。这种攻击技术被广泛用于实现远程代码执行，允许攻击者完全控制受害者的系统。防御栈溢出攻击的主要手段包括：使用栈保护机制，它会在返回地址前插入一个随机值，并在函数返回前验证该值是否被篡改；以及实施地址空间布局随机化，使得每次程序启动时，栈、堆、代码段等内存区域的位置都随机变化，增加攻击者预测目标地址的难度。

（二）堆溢出攻击

堆内存作为程序运行时动态分配内存的区域，其复杂性和灵活性为开发者提供了极大的便利，但同时也为攻击者提供了可乘之机。堆溢出攻击的核心在于，通过操纵输入数据，攻击者能够覆盖堆内存中的任意位置，从而可能改写函数指针、数据结构或其他关键信息，导致任意代码执行或敏感信息泄露。实施堆溢出攻击通常要求攻击者对目标程序的内存布局有深入的了解，包括堆内存的管理机制、内存块的结构以及可能的内存碎片情况。由于堆内存的分配和释放是由运行时库管理的，攻击者往往需要通过精心构造的数据包或输入序列，来触发内存分配或释放操作，从而操纵堆内存的状态。一旦攻击者成功地在堆内存中找到了一个可覆盖的目标位置，他们就可以通过输入恶意数据来覆盖该位置，实现攻击目的。

（三）格式化字符串攻击

格式化字符串攻击是指应用程序在评估输入字符串的提交数据时，未进行正确验证，便将其作为命令执行的漏洞。攻击者可以通过构造特定的格式化字符串，利用漏洞读取和修改程序内存中的敏感数据。防御格式化字符串攻击的关键在于开发者应该使用安全的替代方法，这些函数允许指定输出缓冲区的大小，从而防止缓冲区溢出，在将用户输入传递给任何可能处理格式化字符串的函数之前，始终进行严格的输入验证和长度检查。考虑使用专门设计的库函数来处理用户输入，这些函数通常内置了更严格的安全措施。

三、缓冲区溢出攻击的危害

缓冲区溢出攻击是一种严重的网络安全威胁，它利用程序在处理用户输入时未能正确验证和限制输入长度的漏洞，导致恶意数据覆盖内存中的合法数据，进而引发一系列安全问题。

（一）程序崩溃与系统不稳定

缓冲区溢出攻击最直接的影响是导致程序崩溃。当攻击者向缓冲区中注入超出其容量的数据时，这些数据会覆盖相邻的内存区域，包括关键的程序数据或代码。这种覆盖行为会破坏程序的正常运行逻辑，导致程序无法正确解析和执行指令，从而引发崩溃。程序崩溃不仅影响单个应用程序，还可能对整个系统造成不稳定。特别是当关键系统服务或进程崩溃时，可能导致系统无法正常运行，出现服务中断、系统重启等问题。这种不稳定状态会严重影响用户体验，甚至导致数据丢失或损坏。例如，在电子商务系统中，如果支付服务因缓冲区溢出攻击而崩溃，可能会导致用户支付失败，进而引发交易纠纷和信任危机。缓冲区溢出攻击还可能导致系统资源的异常消耗，当恶意数据覆盖关键的系统数据结构时，可能会引发资源泄露或死锁等问题，导致系统性能下降甚至完全瘫痪。这种攻击行为对系统的稳定性和可用性构成了严重威胁。

（二）个人隐私泄露

许多应用程序和服务在处理用户输入时存在缓冲区溢出漏洞。这些漏洞为攻击者提供了窃取和获取用户敏感信息的便利途径。例如，密码、银行账户信息、社交媒体账号等敏感数据都可能通过缓冲区溢出攻击被泄露。个人隐私的泄露不仅侵犯了用户的隐私权,还可能导致财产损失和身份盗用等严重后果。一旦攻击者获取了用户的敏感信息,他们就可以利用这些信息进行非法交易,如出售个人信息给广告商或诈骗团伙。攻击者还可以冒充用户进行欺诈活动,如发送钓鱼邮件或进行网络钓鱼攻击,进一步骗取用户的财产或敏感信息。个人隐私泄露还可能引发社会信任危机。当用户对应用程序和服务的信任度降低时,他们可能更加谨慎地处理个人信息,甚至放弃使用某些服务。这将对应用程序和服务的推广和使用造成负面影响,降低市场竞争力。

(三) 恶意软件传播

缓冲区溢出漏洞也是恶意软件传播的重要途径之一。攻击者可以通过利用这种漏洞,在受影响的应用程序中注入恶意代码。这些恶意代码可能包括病毒、勒索软件、间谍软件等,它们会在用户不知情的情况下运行,并对用户的设备造成损害。一旦恶意代码被注入应用程序中,它就会在用户设备上运行,并尝试感染其他应用程序或设备。这种感染过程可能通过网络传播,导致恶意软件在多个用户之间迅速扩散。恶意软件可能会窃取用户信息、破坏系统数据或进行其他恶意行为。例如,勒索软件可能会加密用户的文件并要求支付赎金才能解密;间谍软件可能会监视用户的活动并收集敏感信息;病毒可能会破坏系统文件并导致系统崩溃。这些恶意行为不仅损害了用户的利益,还可能对整个网络环境造成威胁。

(四) 远程控制

缓冲区溢出漏洞还可被用于远程控制用户设备。攻击者通过成功利用漏洞,可以改变程序的执行流程并获得远程访问权限。这种访问权限允许攻击者执行他们想要的操作,如监视、窃取个人信息等。一旦攻击者获得了远程控制权限,他们就可以对用户设备进行任意操作,严重威胁了用户的信息安全和隐私保护。攻击者可能会利用远程控制权限对用户进行持续威胁和勒索。他们可能会要求用户支付赎金以换取设备控制权或敏感信息的解密密钥。这种勒索行为不仅给用户带来经济损失,还可能对他们的心理造成严重影响。攻击者还可能利用远程控制权限进行网络钓鱼、发送垃圾邮件等恶意行为,进一步损害用户的利益和网络安全。

(五) 执行非授权指令与获取系统特权

更为严重的是,攻击者可以利用缓冲区溢出漏洞执行非授权指令。这些指令可能包括删除文件、修改系统设置、安装恶意软件等。这些操作可能导致系统瘫痪或数据丢失，给用户带来无法估量的损失。在某些情况下，攻击者甚至可以通过缓冲区溢出漏洞获取系统特权。一旦他们获得了系统特权，就可以对系统进行任意操作，包括安装恶意软件、删除重要文件、修改系统设置等。这种攻击行为可能导致整个系统的瘫痪或数据丢失，给用户带来极大的风险。缓冲区溢出漏洞还可能被用于高级持续性威胁攻击。高级持续性威胁攻击是一种隐蔽而持久的网络攻击形式，它通常针对特定的目标进行长期潜伏和渗透。攻击者可能会利用缓冲区溢出漏洞作为入侵点，逐步获取系统特权并窃取敏感信息。这种攻击行为不仅难以检测，而且可能对目标造成长期的安全威胁。

四、缓冲区溢出攻击的防御措施

为了防范缓冲区溢出攻击，我们需要从编程实践、系统配置、漏洞检测与防护以及安全意识教育等多个方面入手，采取综合的防范措施。

（一）安全的编程实践

我们要对所有外部输入的数据（如用户输入、网络数据包、文件读取等）进行严格的长度限制，确保输入数据的长度不会超过接收缓冲区的大小，从而防止数据溢出。除了长度限制外，我们还要对输入数据的格式进行检查和验证。我们要使用正确的数据验证机制，确保输入数据符合预期的格式。在对数组进行访问时，我们务必确保索引值在数组的有效范围内。在编写代码时加入明确的边界检查逻辑，这样可以防止数组下标越界导致缓冲区溢出。

对于动态分配内存的操作，在使用该内存区域时要进行边界检查，这样可以确保不会超出所分配内存的范围。在释放内存时，我们也要确保操作的合法性，避免出现悬空指针或重复释放等问题。我们要避免使用一些容易导致缓冲区溢出的不安全函数，而是使用更安全的替代函数，这些函数允许指定最大操作长度，从而有效防止缓冲区溢出。在使用各种函数时，我们要严格遵循函数的参数要求和返回值处理规范。我们还要仔细检查函数的文档说明，了解其可能存在的风险，并正确地处理函数的返回值，以确保程序的稳定性和安全性。

（二）系统配置

在系统配置层面，我们可以通过随机化进程的内存地址空间布局，显著提升系统的安全性。这种技术使得每次程序运行时，其可执行文件的加载地址、堆和栈的起始地址等都会发生变化，从而极大地增加了攻击者预测目标地址的难度。缓冲区溢出攻击往往依赖于对目标地址的精确预测，以便将恶意代码注入并执行。然而，在内存地址随机化的环境下，攻击者难以找到稳定的攻击点，从而有效地挫败了此类攻击。将内存中的某些区域标记为不可执行也是一项重要的安全措施。这可以防止攻击者利用缓冲区溢出漏洞，在这些不可执行的区域中注入并执行恶意代码。即使攻击者成功地将恶意数据覆盖到这些区域，由于系统拒绝执行其中的代码，因此无法对系统造成进一步的危害。

（三）漏洞检测与防护

开发团队可以组织内部的代码审查会议，或者邀请专业的安全人员对代码进行审查。在审查过程中，仔细检查代码中是否存在可能导致缓冲区溢出的不安全编程实践，如未进行输入验证、缺少边界检查等，并及时进行修改和优化。静态分析工具可以自动扫描代码，查找可能存在的缓冲区溢出漏洞和其他安全隐患。这些工具通过分析代码的语法结构、函数调用关系等，能够检测出一些常见的漏洞模式和不安全的代码结构。动态测试工具可以在程序运行时监测内存的使用情况，检测是否发生了缓冲区溢出等异常行为。漏洞扫描工具则可以模拟各种攻击场景，对目标系统或应用程序进行扫描，查找已知的缓冲区溢出漏洞和其他安全漏洞，并提供相应的修复建议。

（四）安全意识教育

安全意识教育在防范缓冲区溢出攻击中扮演着举足轻重的角色，它是构建安全防线的基石。在数字化时代，缓冲区溢出攻击作为一种常见的网络威胁，对信息安全构成了严重威胁。因此，提高各类用户的安全意识，成为防范此类攻击的关键。

对于开发人员而言，安全意识教育意味着他们需要深入理解安全编程的重要性。这包括学习如何避免常见的编程错误，如不当的内存管理、指针操作失误等，这些错误往往是导致缓冲区溢出攻击的根本原因。开发人员还应掌握最新的防范技术，如使用安全的编程库、进行严格的代码审查等，以确保其编写的代码健壮且安全。系统管理员作为网络环境的守护者，他们的安全意识同样至关重要。他们需要熟悉系统的安全配置，了解如何正确设置权限、防火墙规则等，以阻止潜在的攻击。系统管理员还应密切关注安全漏洞信息，及时修补已知漏洞，降低系统被缓冲区溢出攻击等网络威胁利用的风险。

对于普通用户而言，提高网络安全警惕性同样不可或缺。他们应学会识别网络钓鱼邮件、恶意链接和未知来源的文件，避免点击或下载这些可能携带恶意软件的内容。定期更新操作系统和软件、使用强密码和两步验证等措施也能有效提升个人设备的安全性。

第二节 拒绝服务攻击与防御

拒绝服务攻击是一种网络攻击手段，攻击者通过各种方法使目标机器停止提供服务或资源访问，这些资源包括磁盘空间、内存、进程甚至网络带宽，从而阻止正常用户的访问。[①]

一、拒绝服务攻击的定义与分类

（一）拒绝服务攻击的定义

拒绝服务攻击是一种恶意行为，旨在通过各种手段干扰目标系统的正常运行，进而使其无法提供预期的服务。攻击者通常会采用多种策略，如发送大量伪造的数据包，以消耗目标系统的关键资源，如内存和网络带宽。这些资源在被大量无效请求占用后，系统将难以响应和处理正常的服务请求，从而导致服务中断或性能显著下降。拒绝服务攻击可能针对单个服务器，造成特定服务不可用；也可能针对整个网络，影响更广泛的服务和应用。

拒绝服务攻击还可能利用系统或应用中的已知漏洞，通过更精细化的手段来加剧资源消耗。这种攻击行为对业务的连续性和稳定性构成了严重威胁，可能导致数据丢失、用户流失和声誉损害等严重后果。因此，企业和组织需要采取有效的安全防护措施，如部署防火墙、入侵检测系统以及进行定期的漏洞扫描和修补，以抵御拒绝服务攻击的风险。拒绝服务攻击通过各种手段干扰目标系统的正常运行，使其无法提供预期的服务。这些手段可能包括发送大量伪造的数据包、利用系统漏洞进行攻击等。攻击者通过消耗目标系统的资源（如内存、网络带宽等），使其无法处理正常的服务请求，从而达到拒绝服务的目的。拒绝服务攻击可能针对单个服务器、整个网络或特定应用，严重影响业务的连续性和稳定性。

（二）拒绝服务攻击的分类

拒绝服务攻击可以根据攻击方式、攻击目标等多个维度进行分类。

---

① 肖鹏. 智能电网信息安全风险与防范研究 [M]. 成都：四川科学技术出版社，2024：72.

1. 按攻击方式分类

直接攻击是指攻击者直接对目标机器进行攻击，通过发送大量伪造的数据包或利用系统漏洞来消耗目标系统的资源。这种攻击方式通常要求攻击者具备较高的技术水平，并需要了解目标系统的配置和漏洞情况。直接攻击的典型案例包括发送大量连接请求使服务器资源耗尽或利用系统漏洞进行远程代码执行。间接攻击则是通过控制多个僵尸网络或分布式拒绝服务攻击来发动攻击。僵尸网络是由大量被恶意软件感染的计算机组成的网络，攻击者可以通过控制这些计算机来发动大规模的拒绝服务攻击。分布式拒绝服务攻击则是利用多个分散的源地址向目标发送大量请求，使其无法承受而瘫痪。这种攻击方式具有隐蔽性高、攻击强度大等特点，是当前网络安全领域面临的重要威胁之一。

2. 按攻击目标分类

按攻击目标分类，拒绝服务攻击可以细分为针对单个服务器、整个网络以及特定应用三种类型，每种类型都有其独特的攻击方式和影响。针对单个服务器的拒绝服务攻击，攻击者往往通过发送大量伪造的数据包或连接请求，以消耗服务器的内存和带宽等资源。这种攻击方式能够导致服务器无法响应正常的服务请求，严重时甚至会导致服务器崩溃。这种攻击对于依赖单个服务器提供关键服务的业务来说，威胁尤为严重，因为它可能导致业务中断或性能严重下降。

针对整个网络的拒绝服务攻击，其目标则是让整个网络瘫痪，使其无法提供任何服务。攻击者可能通过向网络中的多个节点发送大量伪造的数据包，或者利用网络协议的缺陷来实施攻击。当网络中的大量节点同时受到攻击时，网络的性能将受到严重影响，带宽被耗尽，数据包传输延迟增加，甚至可能导致网络完全瘫痪。

针对特定应用的拒绝服务攻击，则更加专注于破坏特定应用的正常运行。攻击者可能通过发送大量伪造的数据包或利用应用本身的漏洞来干扰应用的运行。这种攻击方式对于依赖特定应用提供服务的业务来说，威胁同样巨大。它可能导致应用服务器无法处理正常请求，用户体验大幅下降，业务连续性受到严重影响。

除了上述常见的拒绝服务攻击方式外，还有许多其他类型的拒绝服务攻击。这些攻击方式利用不同的网络协议缺陷或系统漏洞来达到攻击目的。随着网络技术的不断发展和安全漏洞不断的被发现，拒绝服务攻击的手段也在不断演变和升级。

二、拒绝服务攻击的危害

拒绝服务攻击是一种恶意行为，其核心目的在于通过向目标机器或网络发送大量无效或高消耗的请求或数据包，使目标资源达到饱和状态，从而无法正常为合法用户提供服务。这种攻击方式不仅对个人用户构成严重威胁，更对企业运营、政府机构乃至整个社会的网络安全带来了前所未有的挑战。拒绝服务攻击的危害深远且复杂。

（一）服务降级与用户体验下降

拒绝服务攻击对目标系统的影响远不止于简单的服务中断，它更可能导致服务降级，这是一个更为微妙但同样破坏力巨大的后果。当攻击流量涌入系统时，这些不请自来的数据包会大量占用服务器的内存和带宽资源，导致系统处理能力显著下降。这种资源争夺的结果，往往表现为用户请求的响应时间显著延长，原本秒开的网页现在需要数秒甚至更长的时间来加载，视频流播放变得卡顿，在线游戏出现延迟或掉线。服务降级对于用户体验的打击是致命的。

在数字化时代，用户对于服务的即时性和流畅性有着极高的期待。电子商务平台的购物体验、在线游戏的竞技快感、视频直播的实时互动性，都依赖于稳定且高效的服务支持。一旦服务降级，用户将感受到明显的质量下滑，这不仅会降低他们的满意度，还可能引发忠诚度危机。用户可能会因为一次不愉快的使用经历而选择转向竞争对手的产品或服务，尤其是在市场竞争激烈的领域，这样的用户流失可能直接导致市场份额的减少，进而影响企业的长期发展。服务降级还可能引发负面口碑的传播。社交媒体和在线评价平台的普及，使得用户的声音更容易被放大。一次糟糕的服务体验，通过用户的分享和讨论，可能会迅速演变成一场公关危机，严重损害企业的品牌形象和市场声誉。这种无形的损失，往往比直接的经济损失更加难以弥补。

（二）资源消耗与网络拥塞

拒绝服务攻击的本质是资源消耗战，它通过大量无效的数据包洪流，试图耗尽目标系统的处理能力。这种资源的过度消耗，不仅会导致目标机器的性能急剧下降，还可能引发连锁反应，影响整个网络环境的稳定。网络拥塞是拒绝服务攻击带来的另一个严重后果，它使得合法用户的请求难以穿越拥堵的网络，导致服务延迟增加，甚至完全中断。

对于依赖实时通信的领域，如金融服务、远程医疗、在线教育等，网络延迟的增加可能带来不可估量的损失。在金融交易中，每一秒的延迟都可能影响投资决策的准确性；在远程医疗中，延迟可能导致救治时机的错失；而在在线教育中，网络不畅会直接影响教学效果和学习体验。这些行业对网络的稳定性和低延迟有着极高的要求，拒绝服务攻击无疑是对其业务连续性和服务质量的巨大威胁。网络拥塞还可能引发更广泛的社会影响。例如，在紧急情况下，如自然灾害预警、公共安全信息发布等，如果网络因拒绝服务攻击而拥堵，将严重影响信息的及时传递，可能导致公众恐慌和社会秩序的混乱。

（三）掩盖其他恶意行为

拒绝服务攻击不仅可以直接破坏目标系统的服务，还可能被用作一种战术手段，为攻击者实施更复杂的恶意行为提供掩护。通过制造大量的网络流量，攻击者可以掩盖其真实意图，使得系统管理员难以识别和应对其他潜在的威胁。在这种策略下，攻击者可能利用拒绝服务攻击造成的混乱，进行数据窃取、网络入侵或恶意软件植入等更隐蔽的攻击活动。一旦攻击者成功侵入系统，他们可能会获取敏感信息，如用户数据、商业机密等，这些信息被滥用将对企业和个人造成巨大损失。更糟糕的是，攻击者还可能利用控制的系统资源，发动更大规模的分布式拒绝服务攻击，将威胁扩展到整个互联网生态。这种连锁反应式的攻击，不仅难以防御，而且其破坏力远超单一的拒绝服务攻击，对网络安全构成严峻挑战。

（四）法律与合规风险

拒绝服务攻击不仅会对目标机器造成直接损害，还可能引发法律与合规风险。在许多国家和地区，拒绝服务攻击被视为非法行为，攻击者可能面临刑事责任和民事赔偿的双重打击。从刑事责任的角度来看，拒绝服务攻击可能构成计算机犯罪、网络攻击等罪名，攻击者可能面临监禁、罚款等严厉的法律制裁。从民事赔偿的角度来看，拒绝服务攻击可能导致目标机器所有者或运营者遭受经济损失和声誉损害，他们有权向法院提起诉讼，要求攻击者承担相应的赔偿责任。拒绝服务攻击还可能违反行业规定和合同条款。例如，对于提供互联网服务的企业而言，拒绝服务攻击可能违反其与用户之间的服务协议，导致企业面临用户索赔和监管机构的处罚；对于参与跨境业务的企业而言，拒绝服务攻击还可能违反国际法律和标准，进一步加剧法律风险。

三、拒绝服务攻击的防御措施

为了防范和应对拒绝服务攻击，需要采取一系列的技术、工具和策略。以下是一些常见的防御措施。

(一) 使用高性能的基础架构

在数字化时代，网络攻击日益频繁，其中分布式拒绝服务攻击尤为常见。为了有效防范此类攻击，采用高性能的基础架构是基础且关键的一步。高性能服务器应具备足够的带宽和强大的计算能力，以应对可能突发的流量高峰。选择那些提供高防御带宽的服务商至关重要，这些服务商通常能提供较高的抗分布式拒绝服务攻击能力，确保在遭受攻击时，服务器仍能稳定运行，为合法用户提供不间断的服务。

为了进一步提高系统的可用性和分散攻击流量，我们应将服务器部署在多个地理位置上。这种多区域部署策略不仅增强了系统的容错能力，避免单点故障导致的服务中断，还能有效分散攻击流量，减轻单个服务器的负载压力。例如，通过在全球多个数据中心部署服务器，可以确保即使某个数据中心受到攻击，其他数据中心仍能继续提供服务，从而保持整体服务的连续性。使用负载均衡器也是提升系统性能、防范拒绝服务攻击的有效手段。负载均衡器如云负载等的均衡服务，能够智能地将请求分发到多个服务器上。这种分发机制不仅提高了系统的响应速度和吞吐量，还确保了单个服务器不会因承受过多请求而过载。在拒绝服务攻击发生时，负载均衡器能够动态调整流量分配，将攻击流量分散到多个服务器上，从而减轻单个服务器的压力，提高整个系统的抗攻击能力。

(二) 配置防火墙和网络规则

防火墙和网络规则是网络安全防护体系中的重要组成部分，对于防范拒绝服务攻击具有不可替代的作用。启用防火墙并合理配置规则，可以有效监控和过滤网络流量，阻止未经授权的访问和恶意流量。通过限制互联网控制消息请求的数量和速率等，我们可以显著降低攻击者通过发送大量无效请求来消耗服务器资源的风险。

在云服务商控制台中设置访问控制列表也是一种有效的安全措施。访问控制列表可以根据来源 IP 地址或国家进行访问限制，进一步减少恶意流量的进入。例如，如果攻击主要来自某个特定国家或地区，我们可以通过访问控制列表规则禁止来自该地区的流量访问，从而有效屏蔽攻击源。使用内容分发网络也是提高系统性能和安全性的一种有效方法。内容分发网络通过在全球范围内部署分布式节点，能够吸收并分散攻击流量，减轻源服务器的压力。内容分发网络还能将请求分发到最接近用户的服务器上，提高响应速度和用户体验。更重要的是，由于攻击者难以确定源服务器的真实 IP 地址，因此内容分发网络的使用还增加了攻击的难度,提高了系统的整体安全性。

(三) 优化服务器配置

优化服务器配置可以提高其抵御拒绝服务攻击的能力。限制服务器的连接数,避免资源耗尽,这都可以通过配置服务器参数来实现。调整服务器的超时时间,这样可以防止攻击者长时间占用资源。例如,我们可以设置较短的连接超时时间和读取超时时间,以减少无效连接和请求对服务器资源的占用。缓存可以存储频繁访问的数据和页面,从而减少对后端服务器的请求次数和响应时间。配置静态内容缓存,将静态资源缓存在本地或内容分发网络上,这样可以减少对后端服务器的请求。将域名解析到内容分发网络或代理 IP 上,隐藏后端服务器的真实 IP 地址,这可以防止攻击者直接攻击后端服务器,提高系统的安全性。

(四) 建立应急预案

建立详细的应急预案是有效应对拒绝服务攻击的关键环节。这一预案应涵盖从攻击识别到流量清洗,再到系统恢复的全过程,确保技术团队在面对拒绝服务攻击时能够迅速而准确地采取行动。技术团队需深入了解和熟悉拒绝服务攻击的应对流程,这包括通过监控工具及时发现攻击迹象,启动流量清洗机制以阻断恶意流量,以及实施系统恢复策略来最小化攻击对业务的影响。组建专门的应急响应团队至关重要。该团队在攻击发生时负责迅速协调各方资源,确保业务能在最短时间内恢复正常运行。定期进行拒绝服务攻击应急演练也是不可或缺的。通过模拟真实攻击场景,这样可以检验应急预案的有效性和团队的应对能力,从而及时发现潜在的问题和不足,并据此进行针对性的改进和优化。这样的演练能够不断提升团队的实战经验和应急响应速度,为有效抵御拒绝服务攻击提供坚实保障。

第三节　欺骗攻击与防御

欺骗攻击是一种网络安全威胁,攻击者通过伪装成合法用户或实体来获取未经授权的访问权限、窃取敏感信息或传播恶意软件。这种攻击利用了信任关系，使受害者相信攻击者是可信的来源。[①]

一、欺骗攻击的定义与分类

（一）欺骗攻击的定义

欺骗攻击是网络安全领域中一种极具破坏性的攻击方式，它通过假冒或伪装成合法用户或设备，与其他主机进行通信或发送虚假报文，以达到欺骗和诱导的目的。在欺骗攻击中，攻击者通常会伪造网络地址或身份信息，使其看起来像是来自一个受信任的来源。这样，受到攻击的主机就可能无法识别出攻击者的真实身份，从而对其产生错误的判断或行为。例如，攻击者可能通过伪造的网络服务，诱骗用户输入敏感信息，如用户名、密码等。一旦攻击者获取了这些信息，他们就可以进一步攻击其他主机，或者利用这些信息获取经济利益。欺骗攻击还可能对网络安全架构造成破坏，使原本安全的网络变得脆弱。因此，对于企业和个人而言，加强网络安全意识，采取有效的安全防护措施，如使用强密码、定期更新软件、部署防火墙等，是防范欺骗攻击的重要手段。

（二）欺骗攻击的分类

欺骗攻击手段多样，形式隐蔽，给个人和企业带来了极大的安全风险。为了更好地理解和防范欺骗攻击，有必要对其分类进行深入了解，从而帮助提高警惕，加强网络安全防护。

1. 重放攻击

重放攻击是一种极具威胁性的网络安全攻击方式。它主要依赖于攻击者截获合法通信过程中的数据包，并随后将这些数据包重新发送给目标系统。通过这种方式，攻击者试图欺骗目标系统，使其执行原始通信中所规定的操作，进而实现其攻击目的。这种攻击手段之所以有效，关键在于数据包的可重复性以及目标系统对合法数据包的信任。在正常的网络通信中，数据包往往包含了执行特定操作所需的全部信息。一旦这些数据包被截获并重新发送，目标系统很可能会在没有进一步验证的情况下执行其中的操作，从而导致安全问题。重放攻击的危害不容小觑。它可能导致数据泄露、身份盗用、服务拒绝等多种严重后果。为了防范此类攻击，目标系统需要采取一系列的安全措施，如加强数据包的认证和验证机制、限制数据包的重复处理、以及定期更新和升级安全策略等。

---

① 刘化君. 网络安全技术 [M]. 北京：机械工业出版社，2022：121.

2. 中间人攻击

中间人攻击是一种极其隐蔽且危害严重的网络安全威胁。它利用攻击者在通信双方之间插入自己的位置，截获、篡改或伪造双方之间的数据传输。这种攻击方式的核心在于其隐蔽性，使得通信双方往往难以察觉攻击者的存在，从而在不知不觉中成为受害者。在中间人攻击中，攻击者首先会设法拦截双方的通信流量。这通常通过技术手段实现，如网络钓鱼、恶意软件感染或利用不安全的 Wi-Fi 网络等。一旦成功截获通信流量，攻击者就可以开始插入自己的数据包，模仿通信双方的行为，以建立虚假的直接通信链路。通过这种虚假的通信链路，攻击者能够窃取通信双方的敏感信息，如密码、账号、信用卡信息等。他们还可以篡改传输的数据，导致信息失真或误导接收方。

更为严重的是，攻击者还可以伪造数据，向通信双方发送虚假信息，以诱骗他们做出错误的决策或行为。中间人攻击在欺骗攻击中尤为常见，因为它允许攻击者在不被察觉的情况下实施复杂的攻击策略。为了防范这种攻击，通信双方需要采取一系列的安全措施，如使用加密通信协议、定期更换密码、避免使用不安全的公共 Wi-Fi 网络等。

3. 钓鱼攻击

钓鱼攻击，作为一种网络欺诈手段，其核心在于伪装与欺骗，旨在诱使用户在不知情的情况下透露个人敏感信息。这类攻击因其隐蔽性和高欺骗性，成为网络安全领域的一大威胁。钓鱼邮件是攻击者常用的手段之一。攻击者通过伪造电子邮件的发件人地址，让接收者误以为邮件来自银行、电商平台或其他可信任的机构。这些邮件往往包含虚假的通知，如账户异常、中奖信息或紧急更新要求等，诱导用户点击邮件中的恶意链接或下载附件。一旦用户点击链接或下载附件，就可能泄露个人信息、访问恶意网站或下载并运行恶意软件，进而遭受进一步的攻击。钓鱼网站则是另一种常见的钓鱼攻击形式。攻击者会创建与真实网站界面几乎一模一样的虚假网站，这些网站通常伪装成知名的银行、电子商务网站或其他在线服务平台。用户在这些虚假网站上输入的账号、密码、信用卡信息等敏感数据，都会被攻击者窃取。由于这些虚假网站在视觉上难以与真实网站区分，许多用户在不经意间就会泄露自己的个人信息。

钓鱼攻击的危害不容忽视。一旦个人信息被窃取，用户可能面临财产损失、身份盗用等严重后果。恶意软件或病毒的下载和运行还可能对用户的计算机系统造成损害，导致数据丢失或系统崩溃。为了防范钓鱼攻击，用户需要保持警惕，学会识别钓鱼邮件和钓鱼网站的特征。例如，仔细检查邮件的发件人地址，确保其与所声称的来源一致；对于要求提供个人信息的链接或附件，不要轻易点击或下载。

4. 社交工程攻击

在信息安全领域，社交工程攻击是一种极具威胁性的攻击手段。它并不依赖于复杂的技术手段或高超的编程能力，而是巧妙地利用了人类的心理弱点和社交行为来达到攻击目的。这种攻击方式通过与目标用户或系统管理员进行直接或间接的交流，诱导其泄露敏感信息或执行恶意操作，从而对目标系统构成严重威胁。社交工程攻击之所以能够有效，是因为它深入探讨了人类的基本心理特征，如好奇心、信任、贪婪、恐惧等。这些心理特征在日常生活中无处不在，但一旦被攻击者利用，就可能成为导致信息泄露或系统被攻破的致命弱点。

电话诈骗是社交工程攻击中最为常见的一种形式。攻击者通常会冒充银行、政府机构或其他可信实体，通过拨打受害者的电话来实施诈骗。他们可能会以各种理由要求受害者提供个人信息，如身份证号码、银行账户密码等，或者诱骗受害者执行某些操作，如转账、汇款等。由于受害者往往对这些可信实体抱有高度的信任感，因此很容易上当受骗。除了电话诈骗外，短信诈骗也是社交工程攻击中不可忽视的一种形式。攻击者会利用伪基站设备向附近的移动终端发送欺诈短信。这些短信通常会包含诱人的链接或虚假的优惠信息，诱使被攻击者点击链接或访问恶意网页。一旦受害者点击了链接或访问了恶意网页，就可能导致个人隐私泄露和经济损失。

社交工程攻击还存在于我们的日常生活中，如通过社交媒体、电子邮件等渠道进行的信息钓鱼。攻击者会伪装成受害者的朋友、同事或其他熟人，发送含有恶意链接或附件的信息。当受害者点击链接或下载附件时，就可能被植入恶意软件或泄露个人信息。

5. 侧信道攻击

侧信道攻击是一种非传统的网络安全威胁手段，其核心在于通过分析目标系统的物理特性来间接获取敏感信息。与直接针对软件漏洞或网络架构的攻击方式不同，侧信道攻击侧重于捕捉和利用系统在正常运行过程中不经意间泄露的微弱物理信号。这些物理信号可能包括电磁辐射、功耗变化、响应时间差异等。例如，当目标系统执行加密操作时，其处理器可能会因加密算法的复杂性而产生特定的功耗模式。攻击者通过精密的测量设备捕捉这些功耗变化，并利用复杂的算法分析，就有可能推断出加密密钥等敏感信息。

侧信道攻击之所以难以防范，是因为它依赖于目标系统固有的物理特性，而这些特性往往难以通过软件层面的更新或配置来完全消除。攻击者实施侧信道攻击时并不需要与目标系统建立直接的软件或网络连接，这增加了攻击的隐蔽性和难以追踪性。为了应对侧信道攻击，系统设计和开发人员需要采取一系列防御措施。这包括使用恒定时间算法来减少功耗和响应时间的变化，以及采用电磁屏蔽技术来降低电磁辐射的泄露。定期对系统进行物理安全检查，及时发现并修复潜在的物理泄露点，也是防范侧信道攻击的重要手段。

6. 传输层欺骗攻击

传输层欺骗攻击是一种网络攻击手段，其核心在于攻击者巧妙地干扰和利用网络传输层的正常操作流程。这种攻击的目标多样，可能是为了错误地传送数据、显著降低网络的整体性能，或是为进一步对其他目标发起攻击铺平道路。在传输层欺骗攻击中，攻击者会深入挖掘并利用传输层协议在数据传输环节可能存在的漏洞和缺陷。他们可能会伪造源地址、目标地址或端口号等信息，使数据包看似来自合法或可信的源头，从而绕过常规的安全检测机制。攻击者还可能篡改数据包的内容，以植入恶意代码或传递虚假信息。此类攻击一旦成功，它们不仅可能导致数据泄露、服务中断等严重后果，还可能对整个网络的稳定性和安全性构成重大威胁。为了防范此类攻击，网络管理员需要采取一系列安全措施，如加强访问控制、部署入侵检测系统、定期更新和修补系统漏洞等。

二、欺骗攻击的危害

欺骗攻击作为网络安全领域的一种常见且极具破坏性的攻击方式，其对网络安全和个人隐私的威胁不容忽视。这种攻击不仅限于个人层面的危害，更涉及企业、政府乃至整个社会的安全稳定。

（一）数据泄露与隐私侵犯

欺骗攻击最直接且显著的危害在于数据泄露与隐私侵犯。攻击者通过一系列精心设计的手段，如伪造身份、发送钓鱼邮件、构建恶意网站等，诱导用户输入敏感信息。这些信息包括但不限于用户名、密码、银行账号、身份证号码等，一旦落入攻击者之手，便可能被用于非法活动。

对于个人而言，数据泄露意味着个人隐私的全面曝光。这不仅会导致个人生活的困扰，还可能引发更严重的后果，如盗刷银行卡、身份盗窃或诈骗等。这些活动不仅会造成个人的财产损失，还可能损害其社会信誉，影响日常生活和工作。对于企业而言，数据泄露的危害更为深远。企业的商业秘密、客户信息等重要资产一旦泄露，将直接威胁其市场竞争力和客户信任度。企业还可能因此承担法律责任，面临巨额罚款和声誉损失。更为严重的是，数据泄露还可能引发连锁反应，如数据滥用、二次攻击等，进一步加剧企业的损失和风险。

(二) 系统破坏与拒绝服务

欺骗攻击还可能导致系统破坏和拒绝服务攻击,对在线服务、电子商务、金融系统等关键业务系统构成严重威胁。攻击者通过伪造源 IP 地址、发送大量虚假数据包或利用系统漏洞等手段,可以耗尽目标系统的资源,使其无法正常提供服务。拒绝服务攻击不仅会导致服务中断,还可能引发数据丢失、系统崩溃等严重后果。

对于依赖在线服务的行业而言,这种攻击将直接影响其业务的正常运行和用户的满意度。例如,电子商务网站在遭受拒绝服务攻击时,可能导致用户无法完成购买操作,进而造成订单流失和收入减少。金融系统在遭受攻击时,可能导致交易中断、资金损失等严重后果,甚至可能引发金融市场的动荡。拒绝服务攻击还可能成为其他攻击手段的前奏。例如,分布式拒绝服务攻击通过同时发动多个拒绝服务攻击,可以形成更大的威胁。这种攻击不仅难以防御,还可能对目标系统造成长期且持续的破坏。

(三) 网络钓鱼与恶意软件传播

网络钓鱼和恶意软件传播是欺骗攻击中常用的手段。攻击者通过伪造合法的网站或邮件,诱导用户输入敏感信息或下载恶意软件。一旦用户上钩,攻击者便可以获取用户的个人信息、控制用户设备或进行其他恶意行为。

对于个人而言,网络钓鱼和恶意软件传播可能导致个人信息泄露、设备被控制或数据被破坏等严重后果。这些攻击不仅会造成个人的财产损失和隐私泄露,还可能影响日常生活和工作。例如,恶意软件可能窃取用户的银行账户信息,导致资金被盗;或者控制用户的设备,进行非法活动。对于企业而言,这些攻击的危害更为严重。企业可能因此遭受数据泄露、系统瘫痪、业务中断等后果,导致巨大的经济损失和声誉损害。这些攻击还可能引发法律纠纷和监管处罚,对企业的长期发展产生负面影响。

(四) 信任关系破坏

欺骗攻击不仅会对个人和企业造成直接的经济损失和声誉损害,还会破坏网络中的信任关系。一旦用户发现自己被欺骗或遭受攻击,他们对网络和在线服务的信任度将大大降低。这种信任关系的破坏将对电子商务、在线支付等业务的健康发展产生负面影响。信任是电子商务和在线支付等业务发展的基础。当用户对网络和在线服务失去信任时,他们可能会选择减少在线交易、使用其他支付方式或转向其他平台。这将直接影响这些业务的增长和发展。例如,电子商务网站在遭受信任危机时，可能导致用户流失和订单减少；在线支付平台在遭受攻击时，可能导致用户对其安全性产生怀疑，进而选择其他支付方式。

信任关系的破坏还可能引发社会恐慌和不安定因素。当用户对网络和在线服务失去信任时，他们可能会对整个网络环境产生怀疑和不安。这种情绪的传播和蔓延将对整个社会的稳定和发展产生负面影响，例如，可能导致公众对网络安全的担忧加剧，进而引发对网络安全政策的质疑和不满。

三、欺骗攻击的防御措施

（一）加强身份验证与访问控制

身份验证和访问控制是网络安全的基础。通过加强身份验证和访问控制机制，可以有效防止攻击者伪造身份获取未经授权的访问权限；采用多因素身份验证机制，如密码+短信验证码、密码+指纹识别等，可以提高身份验证的安全性，这种方式可以有效防止攻击者通过暴力破解或社会工程学手段获取用户密码。利用生物特征识别技术，如指纹识别、面部识别等，提高身份验证的准确性和可靠性，这些技术具有唯一性和不可复制性，可以有效防止攻击者伪造身份。严格控制对敏感数据和关键系统的访问权限，通过制定严格的访问控制策略，如最小权限原则、基于角色的访问控制等，这样可以确保只有合法用户才能访问和操作敏感数据和关键系统。

（二）部署安全设备与监控系统

部署防火墙、入侵检测系统、入侵防御系统等安全设备可以有效检测和防御欺骗攻击。防火墙是网络安全的第一道防线。通过配置防火墙规则，这样可以限制网络流量的进出方向、端口和协议类型等，从而有效防止未经授权的访问和攻击。入侵检测系统可以监控网络流量并分析数据包特征，以识别异常行为和潜在的攻击。通过配置入侵检测系统规则库和签名库，这样可以及时发现并报警欺骗攻击的发生。

入侵防御系统不仅具有入侵检测系统的监控和报警功能，还可以主动采取措施阻止攻击的发生。通过配置入侵防御系统策略，这样可以自动阻断恶意流量、隔离受感染设备等，从而有效防止欺骗攻击的扩散和危害。将防火墙、入侵检测系统、入侵防御系统等安全设备进行联动配置，这样可以实现更加全面和高效的安全防护。通过共享安全信息和协同工作，这些设备可以形成更加紧密的防御体系，提高整体的安全防护能力。

(三) 建立应急响应机制与预案

建立应急响应机制和预案是应对欺骗攻击的重要措施。一旦发现欺骗攻击的发生，应立即启动应急响应机制，组织专业团队进行快速处置和恢复工作。我们要根据攻击手段和特点制定相应的预案和措施，以便在类似攻击再次发生时能够迅速有效地进行应对和处置。组建专业的应急响应团队，负责处理网络安全事件和攻击。团队成员应具备丰富的网络安全知识和实践经验，能够迅速识别并处置各种网络安全威胁。我们要制定详细的应急响应流程，明确各阶段的任务和责任人，包括事件发现、报告、分析、处置和恢复等阶段，确保在发生欺骗攻击时能够有序地进行应对和处置。我们要根据欺骗攻击的手段和特点制定相应的预案和措施。预案应包括攻击场景描述、处置步骤、所需资源等内容。定期组织预案演练活动，检验预案的可行性和有效性。我们要对发生的欺骗攻击事件进行记录和分析，总结攻击手段和特点，为后续的防范工作提供经验和教训，通过分享和分析案例，提高整个组织的安全意识和防范能力。

(四) 加强合作与信息共享

在防御欺骗攻击的过程中，加强合作与信息共享扮演着至关重要的角色。面对日益复杂多变的网络安全威胁，单打独斗已难以应对，唯有携手合作，方能共筑网络安全防线。与其他组织、机构或政府部门的合作是获取安全信息和资源的重要途径。通过签订合作协议，我们可以共享彼此的安全情报，共同分析网络攻击的模式和趋势，从而制定出更为精准有效的防御策略。这种跨领域的合作不仅有助于提升我们的安全防护能力，还能促进整个社会的网络安全水平提升。

与同行业的组织建立合作关系同样重要。我们可以共享安全信息和经验，共同应对行业特有的网络安全威胁。通过交流和学习，我们能够及时了解最新的安全漏洞和攻击手段，从而提前采取措施进行防范。这种行业内的合作有助于形成合力，共同维护行业的网络安全。与政府相关部门的合作也是必不可少的。政府作为网络安全的重要监管者，掌握着大量的安全政策和法规信息。通过与政府部门的合作，我们可以及时获取最新的安全政策和法规要求，确保我们的网络安全工作符合国家的法律法规标准。积极参与政府组织的网络安全培训和演练活动，也有助于提升我们的安全意识和防范能力。

建立信息共享平台或社区也是加强合作与信息共享的有效方式。通过这一平台或社区，我们可以与其他组织和个人共享安全信息和经验，共同应对网络安全挑战。这种开放式的信息共享有助于形成全社会共同关注网络安全的良好氛围，推动整个社会的网络安全水平不断提升。[①]

[①] 张立江，苗春雨，曹天杰，等．网络安全［M］．西安：西安电子科学技术大学出版社，2021：94．

第五章　云安全技术与应用

在当今这个数字化时代，网络安全威胁日益复杂多变，传统的安全防御手段已难以满足日益增长的防护需求。正是在这样的背景下，云安全技术应运而生，并迅速成为信息安全领域的一颗璀璨新星。云安全技术通过整合云计算的弹性、可扩展性和高度可用性，为各类企业和组织提供了更为强大、灵活且高效的安全防护方案。它不仅能够实时监测和应对各类网络攻击，还能有效降低安全运维成本，提升整体安全防御水平。本章将论述云计算的安全属性、云计算安全管理、阿里云安全策略与方法等内容。

第一节　云计算的安全属性

云计算正以前所未有的速度重塑着我们的工作与生活。随着云计算的广泛应用，其安全属性也日益成为社会各界关注的焦点。云计算的安全不仅关乎数据的保密性、完整性和可用性，更是企业信誉与用户信任的基石。

一、云计算安全属性的重要性

云计算作为一种革命性的计算模式，通过互联网将大规模的计算能力、存储能力和应用服务以按需、易扩展的方式提供给用户。这种模式极大地提高了资源利用效率，降低了企业的 IT 成本，并加速了业务的创新与发展。然而，随着云计算的广泛应用，其安全性问题也日益凸显，成为制约云计算进一步发展的重要因素。

云计算的安全属性对于保护用户数据、维护业务连续性和确保服务可用性至关重要。云计算环境中的数据、应用程序和服务涉及众多利益相关方，包括云服务提供商、用户、第三方合作伙伴以及监管机构等。这些数据和服务可能包含敏感信息，如个人隐私、商业秘密、知识产权等，一旦泄露或被篡改，将对企业和个人造成重大损失。因此，确保云计算环境的安全性是保护用户数据的关键。

云计算已经成为许多企业业务运行的核心支撑平台。一旦云计算环境发生故障或被攻击，可能导致业务中断、数据丢失等严重后果，进而影响企业的声誉、客户关系和市场竞争力。因此，云计算的安全属性对于维护业务连续性至关重要。云计算服务的可用性直接关系到用户体验和业务效率。如果云计算服务频繁出现故障或访问延迟，将导致用户体验下降，甚至影响业务的正常开展。因此，确保云计算服务的高可用性，是提升用户体验和业务效率的重要保障。

随着云计算的普及和应用场景的拓展，云计算安全已经成为全球关注的焦点。各国政府、行业组织和监管机构纷纷出台相关法律法规和标准规范，要求云服务提供商加强安全管理，确保云计算环境的安全性。因此，云计算的安全属性也是满足合规性要求的重要方面。[1]

二、云计算安全属性的主要内容

云计算的安全属性主要包括保密性、完整性、可用性、可控性和可审计性。这些属性共同构成了云计算安全的基础框架，为云计算环境的安全性提供了全面保障。[2]

（一）保密性

保密性是指确保云计算环境中的数据、应用程序和服务不被未经授权的实体访问或泄露。在云计算环境中，数据可能存储在多个物理和逻辑位置，且用户与云服务提供商之间的边界模糊，因此保密性的实现面临诸多挑战。加密技术是保护数据保密性的重要手段。我们可以通过使用先进的加密算法，对敏感数据进行加密存储和传输，在存储过程中，可以使用磁盘加密、文件加密等技术确保数据在物理存储介质上的安全性；在传输过程中，可以使用安全套接层或传输层安全协议等加密协议确保数据在传输过程中的保密性。

访问控制是防止未经授权访问数据的关键措施。在云计算环境中，我们应实施严格的访问控制策略，如基于角色的访问控制、基于属性的访问控制等。基于角色的访问控制通过为用户分配不同的角色，并为每个角色定义相应的权

---

[1] 殷博，林永峰，陈亮. 计算机网络安全技术与实践 [M]. 哈尔滨：东北林业大学出版社，2023：188.

[2] 姜燕，王修婷. 云计算运用与安全管理研究 [M]. 西安：西北工业大学出版社，2024：116.

限集，实现细粒度的访问控制；基于属性的访问控制则根据用户的属性（如身份、位置、时间等）动态地决定其访问权限。我们还可以采用多因素认证、生物特征识别等先进技术，提高用户身份认证的安全性和可靠性。

身份认证是确保用户身份真实性的基础。在云计算环境中，我们应采用多因素认证、单点登录等先进技术，确保用户身份的真实性和可靠性；还应对用户进行授权管理，根据用户的身份和角色为其分配相应的权限和资源，通过身份认证和授权管理，可以有效防止未经授权的访问和操作。对于敏感数据，我们可以采用脱敏或匿名化处理技术，降低数据泄露的风险。脱敏技术通过对数据进行处理，使其在不改变原始数据含义的前提下，降低数据的敏感性；匿名化技术则通过删除或替换数据中的个人标识信息，使数据无法直接关联到具体个人。

（二）完整性

完整性是指确保云计算环境中的数据、应用程序和服务在传输、存储和处理过程中不被篡改或损坏。完整性是保护数据真实性和可靠性的基础，也是确保业务连续性和服务可用性的重要保障。数据校验机制是确保数据完整性的重要手段，通过使用哈希函数、校验和等技术对数据进行校验，可以确保数据的完整性和一致性。哈希函数通过将数据映射为一个固定长度的哈希值，使得任何对数据的微小改动都会导致哈希值的显著变化；校验和则通过对数据进行求和或异或等操作，生成一个校验码，用于验证数据的完整性。数字签名是确保数据来源和完整性的一种有效方法，通过使用私钥对数据生成数字签名，并使用公钥对数字签名进行验证，可以确保数据的来源可靠且未被篡改。

数字签名广泛应用于文件传输、电子邮件通信等场景，有效防止了数据在传输过程中的篡改和伪造。防篡改技术是保护数据完整性的重要措施，通过采用防篡改硬件、软件和技术手段，如可信计算基、完整性度量与验证等，可以确保数据在存储和处理过程中的安全性。防篡改硬件如智能卡、安全模块等，具有内置的安全机制和防护措施，能够防止恶意软件和攻击者对数据进行篡改；防篡改软件则通过实时监控和检测系统的异常行为，及时发现并阻止潜在的篡改攻击。

（三）可用性

可用性是指确保云计算环境中的数据、应用程序和服务在需要时能够可靠地访问和使用。高可用性是云计算服务的重要特征之一，也是提升用户体验和业务效率的关键保障。故障转移和容灾备份是提高云计算服务可用性的重要手段。通过实施主备切换、热备份等技术手段，可以在主系统出现故障时迅速切换到备用系统，保证服务的连续性。我们还应制订详细的灾难恢复计划，包括数据备份策略、恢复流程和应急演练等，以确保在发生灾难时能够迅速恢复服务。负载均衡和资源调度是提高云计算服务性能的关键技术。通过负载均衡技术，我们可以将请求分散到多个服务器上，提高系统的处理能力和响应速度。资源调度技术则根据系统的负载情况和资源需求，动态地调整资源的分配和使用，确保资源的有效利用和服务的性能。服务级别协议是云服务提供商与用户之间关于服务质量和可用性等方面的约定。通过制定明确的服务级别协议，我们可以明确双方的责任和义务，确保服务的可靠性和稳定性；还可以根据服务级别协议对云服务提供商进行监督和评估，确保其按照约定提供服务。

（四）可控性

可控性是指云计算用户能够对数据、应用程序和服务进行有效的管理和控制。在云计算环境中，用户需要对自己的数据和应用程序拥有足够的控制权，以确保业务的灵活性和安全性。虚拟化技术是云计算环境的核心技术之一，也是实现可控性的重要手段。通过虚拟化技术，我们可以将物理资源抽象为虚拟资源，实现资源的灵活调度和管理。用户可以根据自己的需求创建和管理虚拟机、容器等虚拟资源，实现资源的按需分配和弹性扩展。资源管理和监控是提高云计算环境可控性的关键措施。通过提供丰富的资源管理功能，如资源分配、监控、调度和优化等，我们可以确保资源的有效利用和服务的性能。通过实时监控系统的运行状态和资源使用情况，我们可以及时发现并处理潜在的问题和风险。自动化和编排工具是提高云计算环境可控性和效率的重要工具。通过利用自动化部署、自动化测试等自动化工具，我们可以提高服务部署和管理的效率和质量。通过编排工具对虚拟资源、应用程序和服务进行统一管理和调度，我们可以实现复杂的业务流程和自动化运维。

（五）可审计性

可审计性是指能够对云计算环境中的操作、事件和数据进行记录和审计，以确保合规性和可追溯性。在云计算环境中，可审计性是满足合规性要求和保障业务安全的重要手段。日志管理和分析是实现可审计性的基础。通过收集、存储和分析系统日志、应用日志和安全日志等，我们可以提供详细的操作记录和事件追踪信息。这些信息对于发现潜在的安全问题、追溯问题根源以及进行事后调查和分析具有重要意义。安全审计和合规性检查是确保云计算环境安全性的重要措施。通过定期对系统进行安全审计，包括漏洞扫描、渗透测试等，我们可以发现系统中的安全漏洞和潜在风险，并及时进行修复和改进。根据行业标准和法律法规的要求对系统进行合规性检查，我们可以确保系统的合规性和可追溯性。事件响应和报告是实现可审计性的重要环节。通过建立完善的事件响应机制和报告流程，我们可以及时发现并处理安全事件和异常情况。通过生成详细的事件报告和分析结果，我们可以为后续的安全管理和决策提供有力支持。

三、云计算安全属性的挑战

云计算作为信息技术领域的重要变革，为企业和个人提供了前所未有的便捷性和灵活性。然而，随着云计算的广泛应用，其安全属性也面临着日益严峻的挑战。保护用户数据、维护业务连续性以及确保云计算环境的整体安全，已成为云计算领域不可忽视的重要任务。

（一）数据泄露风险

云计算环境中存储着海量的用户数据，这些数据涵盖了个人隐私、企业机密等多个方面，一旦数据泄露，不仅会对用户造成严重的经济损失，还可能引发法律纠纷和社会信任危机。数据泄露风险来源有很多。云服务商的内部员工可能因误操作或恶意行为导致数据泄露。黑客可能通过技术手段入侵云系统，窃取或篡改用户数据。云计算系统本身可能存在安全漏洞，为攻击者提供了可乘之机。

为了应对数据泄露风险，我们采用先进的加密算法对敏感数据进行加密存储，确保即使数据被窃取也无法被轻易解密；建立严格的访问控制机制，确保只有授权用户才能访问相关数据；对访问行为进行记录和监控，以便及时发现异常行为；定期对云计算系统进行安全审计，检查系统的安全性配置、漏洞修复情况以及数据保护措施的执行情况；利用自动化工具定期对系统进行漏洞扫描，及时发现并修复安全漏洞，防止攻击者利用漏洞进行攻击；建立完善的数据泄露应急响应机制，一旦发生数据泄露事件，能够迅速启动应急预案，采取必要的补救措施，减少损失。

（二）虚拟化安全风险

虚拟化技术是云计算的核心技术之一，它通过模拟硬件环境来运行多个操作系统和应用程序，提高了资源的利用率和灵活性。然而，虚拟化环境也带来了新的安全风险。虚拟化安全风险主要包括以下几个方面：虚拟机逃逸、资源争用与隔离失效、管理接口暴露。攻击者可能利用虚拟机之间的隔离漏洞，从一个虚拟机逃逸到另一个虚拟机或宿主主机，从而获取更高的权限。虚拟化环境中的资源争用可能导致性能下降，而隔离失效则可能使攻击者能够跨虚拟机进行攻击。虚拟化平台的管理接口如果暴露在互联网上，可能成为攻击者的目标。

为了应对虚拟化安全风险，我们应对虚拟化平台进行严格的安全配置，包括禁用不必要的服务、限制管理接口的访问权限等。我们可以定期对配置进行审查和更新，确保配置的安全性；定期对虚拟化环境进行安全审计和漏洞扫描，及时发现并修复安全漏洞，特别是要关注虚拟化平台本身以及其上运行的虚拟机操作系统的安全性；利用虚拟化平台提供的安全隔离技术，如虚拟局域网、防火墙等，确保不同虚拟机之间的安全隔离，对虚拟机之间的通信进行监控和限制，防止未经授权的访问和数据泄露。

（三）多租户安全风险

在云计算环境中，多个租户共享同一物理和逻辑资源，这带来了多租户安全风险。多租户安全风险主要包括以下几个方面：数据隔离失效、资源争用与性能下降、租户间攻击。如果不同租户的数据没有得到有效的隔离，可能导致数据泄露或被篡改。多个租户共享资源时，如果资源分配不当或管理不善，可能导致性能下降或资源争用问题。攻击者可能利用多租户环境的漏洞，从一个租户攻击另一个租户。

为了应对多租户安全风险，我们需要采取以下措施：利用虚拟化技术、网络隔离技术等手段，确保不同租户之间的数据和服务相互隔离；对租户的数据进行加密存储和传输，防止数据泄露；对租户进行严格的身份认证和访问控制，确保只有授权用户才能访问相关数据和服务；对访问行为进行记录和监控，以便及时发现异常行为并采取必要的措施；定期对多租户环境进行安全审计和漏洞扫描，及时发现并修复安全漏洞，特别是要关注租户之间的隔离机制、数据访问控制等方面的问题。

（四）供应链安全风险

云计算服务通常由多个供应商提供，包括基础设施供应商、平台供应商、软件供应商等。供应链中的任何一个环节出现安全问题都可能对整个云计算环境造成威胁。供应链安全风险主要包括以下几个方面：供应商安全性不足、供应链中断、恶意软件植入。如果供应商的安全措施不到位，可能导致其提供的产品或服务存在安全漏洞。供应链中的某个环节出现故障或遭受攻击，可能导致云计算服务中断或数据丢失。攻击者可能利用供应链中的漏洞，在供应商提供的产品或服务中植入恶意软件，从而对整个云计算环境造成威胁。

在选择供应商时，我们要对其进行严格的资质审查和安全评估，确保供应商具备必要的安全资质和认证，并了解其安全管理体系和措施的执行情况；建立完善的供应链安全管理制度和流程，明确供应商的选择、评估、监控和退出机制；与供应商签订安全协议，明确双方的安全责任和义务；定期对供应链进行安全审计和风险评估，及时发现并应对潜在的安全风险，特别是要关注供应商提供的产品或服务的安全性、供应链中的关键环节以及可能存在的安全漏洞等方面的问题；为了避免对单一供应商的过度依赖，可以采用多元化供应商策略，通过选择多个供应商提供不同的服务或产品，降低供应链中断的风险。

第二节　云计算安全管理

云计算作为信息技术的重要革新，为企业、政府和个人提供了高效、灵活的数据处理、存储和访问解决方案。然而，随着云计算的广泛应用，其安全性问题也日益凸显，成为制约其进一步发展的关键因素。云计算安全管理旨在通过一系列策略、技术和控制措施，保护数据、应用程序和相关服务不受威胁，确保云计算环境的稳定性、可靠性和可用性。

一、云计算安全管理概述

云计算安全管理，作为一个综合性的管理框架，旨在确保云计算环境中数据、应用和基础设施的安全性。其核心在于预防云服务提供商、第三方合作伙伴或恶意攻击者对机密数据、个人隐私信息的非法访问、泄露或篡改，同时维护云计算系统的整体稳定性、可靠性和可用性。这一管理过程不仅关乎数据保护，还直接影响到业务的连续性、合规性，以及企业的整体声誉。

随着云计算技术的飞速发展，越来越多的企业和个人选择将关键数据和业务应用迁移到云端。这种趋势极大地提升了数据处理能力和业务灵活性，但同时也引入了新的安全挑战。云计算环境中的数据泄露、服务中断、未经授权的访问等安全事件，不仅可能导致直接的财务损失，还可能触发法律诉讼、监管处罚，严重损害企业的市场形象和品牌价值。因此，实施有效的云计算安全管理成为企业不可或缺的战略决策。它不仅能够保护企业的核心资产不受侵害，还能确保业务在面临各种安全威胁时仍能持续稳定运行，从而增强企业的市场竞争力，促进业务增长。①

二、云计算安全管理的组成部分

云计算作为信息技术的重要发展趋势，为各行各业带来了前所未有的便利和效率提升。然而，随着云计算应用的广泛深入，其安全问题也日益凸显，成为制约云计算发展的关键因素之一。为了保障云计算环境的安全稳定，必须构建一套全面、系统的安全管理机制。②

（一）风险评估与合规性管理

风险评估是云计算安全管理的基石，它涉及对云计算环境中潜在安全威胁的全面识别、分析和评价。这一过程不仅包括对物理基础设施、虚拟化环境、数据存储、访问控制机制、网络安全策略等方面的深入审查，还需要考虑业务连续性、数据隐私保护、灾难恢复能力等多个维度。通过风险评估，企业能够识别出云计算环境中的薄弱环节，为后续的安全策略制定提供科学依据。合规性管理则是确保云计算服务符合相关法律法规、行业标准和最佳实践的关键。随着云计算技术的快速发展，国内外关于云计算安全的法律法规也在不断更新和完善。企业需密切关注这些法律法规的动态变化，确保自身的云服务部署和操作符合这些规定；建立合规性监测机制，定期对云服务进行审计，及时发现并纠正不合规行为，以降低法律风险和业务风险。

（二）安全策略与政策的制定与执行

基于风险评估和合规性要求，企业应制定一套全面、细致的安全策略和政策。这些策略应涵盖数据保护、访问控制、网络安全、身份认证、加密技术、应急响应等多个方面，形成一套完整的安全管理体系。例如，数据保护策略应明确数据的分类、存储、传输和销毁规则，确保敏感数据的保密性、完整性和可用性；访问控制策略则应详细规定不同用户角色的权限分配和访问审计要求，防止未经授权的访问和操作。制定策略只是第一步，关键在于执行。企业需确保所有员工、承包商和第三方合作伙伴都充分了解并遵守这些安全策略。这要求企业实施有效的培训和教育计划，提高全员的安全意识和操作技能；建立监督和考核机制，对违反安全策略的行为进行及时纠正和处罚，确保安全策略得到有效执行。

---

① 李兆延，罗智，易明升．云计算导论［M］．北京：航空工业出版社，2020：170.
② 张义明．云计算关键技术发展与创新应用研究［M］．长春：吉林科学技术出版社，2022：82.

(三) 安全性能测试与优化

安全性能测试在云计算系统中扮演着至关重要的角色，它是确保云服务安全性能的一道坚实防线。这一测试过程不仅评估了系统在面临潜在威胁时的防御能力，还检验了其从攻击中恢复的能力，从而全面揭示了系统的安全韧性。通过模拟诸如跨站脚本攻击等常见的网络攻击场景，安全性能测试能够深入探索云计算系统的每一个角落，揭示那些可能被忽视的安全漏洞和薄弱环节。这些测试结果不仅是系统安全现状的直观反映，更为后续的安全修复和优化工作提供了宝贵的指引。

企业应将安全性能测试视为一项持续性工作，而非一次性任务。定期的测试能够确保系统安全性能的持续提升，及时应对不断演变的网络威胁。在此基础上，企业还应根据测试结果积极调整系统配置和安全策略，以实现针对性的优化。例如，针对性能测试中发现的性能瓶颈，企业可以优化资源分配，提升系统的运行效率和用户响应速度；而对于安全漏洞，则需迅速制订并执行修复计划，以最大限度地降低潜在风险。安全性能测试与优化是一个循环往复、不断进步的过程。随着技术的不断发展和威胁态势的变化，企业需要保持高度的警觉性和灵活性，不断调整和完善其安全策略。只有这样，才能确保云计算系统在日益复杂的网络环境中始终保持稳健和可靠，为用户提供安全、高效的云服务。

(四) 安全操作规程与最佳实践

安全操作规程在云计算环境中扮演着至关重要的角色，它们不仅是保障用户数据和系统安全的基础，也是构建可信、可靠云服务的关键。这些规程通过一系列规范和标准，确保云计算环境中的各项操作都在严格的安全框架内进行。访问控制规程是其中的核心之一，它要求对用户身份进行严格验证，确保只有合法用户才能进入系统。

权限管理机制能够精细地划分用户权限，避免过度授权带来的安全风险。访问审计则记录了用户的所有操作行为，为事后追溯和调查提供了重要依据。数据保护规程同样不可或缺。在云计算环境中，数据的安全存储和传输至关重要。因此，规程中应明确规定数据的加密策略，确保数据在存储和传输过程中不被窃取或篡改。

定期的数据备份和恢复演练也是保障数据安全的重要手段，能够在数据丢失或损坏时迅速恢复。为了提升这些规程的有效性和可执行性，企业应积极借鉴行业内的最佳实践。这些最佳实践通常基于广泛认可的安全框架和标准。通过采用这些最佳实践，企业可以快速构建起一套成熟、有效的安全管理体系，提高云计算环境的安全性和可靠性。

（五）安全日志记录、监控与溯源

安全日志记录是云计算安全管理中不可或缺的一环。通过记录系统发生的重要事件，如登录尝试、操作记录、异常行为等，企业能够及时发现并响应潜在的安全威胁。这些日志数据是后续安全分析和溯源的基础，对于追踪攻击者、分析攻击行为、恢复受损系统等具有重要意义。

为了充分发挥安全日志的价值，企业应建立有效的监控机制。这包括实时监控系统的运行状态、安全事件和性能指标，以及定期分析日志数据以识别潜在的安全风险。通过实时监控和定期分析，企业能够及时发现并处理安全事件，防止事态扩大和损失加重。企业还应采用先进的日志分析工具和技术，如安全信息和事件管理系统，以提高日志分析的效率和准确性。

安全信息和事件管理系统能够将来自不同渠道的日志数据进行整合、分析和可视化展示，帮助企业快速识别安全事件、定位攻击源头并采取相应的应对措施。在发生安全事件时，溯源能力至关重要。通过追踪和分析日志数据，企业能够迅速定位事件的源头、影响范围和潜在后果，从而采取有效的应对措施。这要求企业建立完善的溯源流程和机制，确保在事件发生时能够迅速响应并恢复系统正常运行。企业还应加强与其他组织和机构的合作与信息共享，共同应对网络安全威胁和挑战。

（六）应急响应与灾难恢复计划

尽管采取了各种安全措施，但完全避免安全事件仍然是一个挑战。因此，制订应急响应计划和灾难恢复计划至关重要。这些计划应明确在发生安全事件或灾难时企业应采取的具体行动步骤，包括事件报告、隔离受影响系统、恢复数据和服务等。通过制定详细的应急预案和流程，企业能够在事件发生时迅速响应并减少损失。应急响应计划应涵盖不同类型的安全事件，如数据泄露、服务中断、恶意软件攻击等。每个事件类型都应有相应的应急预案和流程，确保在事件发生时能够迅速定位问题、采取措施并恢复系统正常运行。企业应定期组织应急演练，检验应急预案的有效性和可执行性，提高全员应对突发事件的能力和水平。

灾难恢复计划则关注于在发生自然灾害、硬件故障等不可预见事件时如何快速恢复业务运行。这要求企业建立备份和恢复策略，确保关键数据的定期备份和异地存储。通过定期备份和异地存储，企业能够在灾难发生时迅速恢复数据和服务，减少业务中断时间和损失。企业还应建立灾难恢复团队，负责在灾难发生时协调资源、执行恢复计划并监控恢复进度。通过团队协作和有效执行，这样可以确保灾难恢复计划的顺利实施和业务的快速恢复。

三、云计算安全管理的措施

云计算作为信息技术的重要发展方向，已经广泛应用于各行各业。然而，随着云计算的普及，其安全问题也日益凸显。为了有效实施云计算安全管理，我们需要采取一系列措施。

（一）数据加密与访问控制

数据加密是保护数据安全的重要手段。在云计算环境中，数据可能涉及个人隐私、商业秘密等敏感信息，因此，对数据的加密存储和传输至关重要。通过将数据转换为无法直接读取的密文形式，即使数据被非法获取，也无法直接获取其原始内容。常见的加密存储技术包括对称加密和非对称加密。对称加密速度快，但密钥管理复杂；非对称加密安全性高，但速度较慢。在实际应用中，我们可以根据数据的敏感程度和性能需求选择合适的加密方式。在数据传输过程中，我们可以采用安全套接层或传输层安全协议等加密协议，确保数据在传输过程中不被窃取或篡改。这些协议通过建立安全的通信通道，对传输的数据进行加密和解密，从而保障数据的机密性和完整性。

结合数据加密，访问控制技术可以进一步限制对数据的访问权限。基于角色的访问是一种常用的访问控制模型，它根据用户的角色分配权限，确保只有经过授权的用户才能访问特定的数据资源。多因素身份验证也是提高访问安全性的重要手段，它结合多种身份验证方式（如密码、生物特征、手机验证码等），增强了对用户身份的验证强度。

（二）数据备份与恢复

数据备份是防止数据丢失和损坏的重要措施。在云计算环境中，由于数据量大、分布广泛等特点，数据备份和恢复工作尤为复杂。根据业务需求制定数据备份策略是确保数据安全的关键。备份策略应包括备份的频率、备份数据的存储位置、备份数据的保留期限等要素。对于关键业务数据，我们应定期进行全量备份和增量备份，以确保数据的完整性和可用性。

定期对备份数据进行恢复能力测试是确保备份有效性的重要手段。通过模拟数据丢失或损坏的场景，测试备份数据的恢复速度和恢复质量，我们可以及时发现并处理备份过程中存在的问题。制订灾难恢复计划是应对突发事件的重要措施。灾难恢复计划应包括数据恢复流程、恢复时间目标和恢复点目标等要素。在发生数据丢失或损坏时，我们可以迅速启动灾难恢复计划，确保业务的连续性和数据的完整性。

（三）用户权限管理

用户权限管理是确保云计算系统安全的关键环节。通过对用户进行严格的权限管理，我们可以限制未经授权的用户访问和使用云服务。身份验证是确保用户身份真实性的重要手段。通过采用用户名和密码、生物特征识别、手机验证码等多种身份验证方式，我们可以增强对用户身份的验证强度。

定期更换密码和采用强密码策略也是提高身份验证安全性的重要措施。根据用户的角色和业务需求分配权限是确保系统安全的关键。通过采用基于角色的访问控制等模型，我们可以根据用户的角色和职责分配不同的权限，确保用户只能访问和使用与其职责相关的云服务。角色管理是对用户权限进行细粒度控制的重要手段。通过定义不同的角色和角色组，我们可以灵活地管理用户的权限和访问范围。定期对角色进行审查和更新，这样可以确保角色与业务需求保持一致。

（四）应急响应机制

应急响应机制是应对突发事件的重要手段。通过建立完善的应急响应机制，我们可以迅速响应和处理安全事件，最大程度地减少损失和影响。根据可能发生的安全事件类型和影响程度，我们要制定详细的应急预案。应急预案应包括应急响应流程、应急响应团队组成、应急资源准备等要素。在发生安全事件时，我们可以迅速启动应急预案，确保应急响应工作的有序进行。

组建专业的应急响应团队是确保应急响应工作顺利进行的关键。应急响应团队应包括安全专家、技术支持人员、业务恢复人员等成员。他们应具备丰富的安全知识和实践经验，能够迅速识别和处理安全事件。通过定期进行应急演练，我们可以检验应急预案的有效性和应急响应团队的协作能力。应急演练可以模拟真实的安全事件场景，让应急响应团队在模拟环境中进行实战演练，提高应对突发事件的能力和水平。

（五）安全审计与监控

安全审计与监控是确保云计算系统安全的重要手段。通过对系统的运行状态、用户的操作行为等进行实时监控和审计，我们可以及时发现和处理潜在的安全问题。系统日志是记录系统运行情况和用户操作行为的重要信息来源。通过对系统日志进行分析和处理，我们可以发现潜在的异常行为和安全问题。例如，通过分析系统登录日志、操作日志等，我们可以发现未经授权的访问和恶意攻击行为。

对用户操作行为进行实时监控和记录是确保系统安全的重要手段。通过采用行为分析技术、异常检测技术等手段，我们可以及时发现用户的异常操作行为，如频繁登录失败、大量数据下载等。这些异常行为可能是潜在的安全威胁，需要及时进行处理。定期对系统进行安全审计和漏洞扫描是发现和处理潜在安全问题的重要手段。安全审计可以检查系统的配置、权限管理、日志记录等方面是否存在安全隐患；漏洞扫描可以检测系统中是否存在已知的安全漏洞和弱点。通过及时发现和处理这些问题，我们可以确保系统的安全性和稳定性。

第三节 阿里云安全策略与方法

在数字化时代，云计算已成为企业和个人不可或缺的技术支撑。然而，随着云计算的广泛应用，安全问题也日益凸显。阿里云，作为全球领先的云计算服务提供商，深知安全的重要性，因此，需要制定一套全面而严谨的安全策略与方法。

一、阿里云安全策略

阿里云的安全策略是一套多层次、全方位的防护体系，它精心设计以确保用户数据的绝对安全和业务的持续稳定运行。这一策略不仅融合了最新的安全技术，还结合了丰富的行业经验，为不同规模的企业和个人用户提供坚实的安全保障。在身份认证与访问控制方面，阿里云采用了先进的身份验证机制和访问权限管理，通过多因素认证、密码策略、生物识别等多种方式，确保只有合法用户才能访问和操作数据，基于角色的访问控制和细粒度的权限管理，使得不同用户只能访问其权限范围内的资源，有效防止了数据泄露和误操作。网络安全防护是阿里云安全策略的又一重要组成部分。阿里云部署了高性能的防火墙、入侵检测系统和入侵防御系统，以实时监控和防御来自外部的网络攻击。通过分布式拒绝服务防护等技术手段，阿里云还能有效抵御分布式拒绝服务攻击，确保用户业务的稳定运行。

数据加密与安全存储是阿里云保障用户数据安全的另一大利器。阿里云采用了先进的加密算法和密钥管理技术，对敏感数据进行加密存储和传输，确保数据在存储和传输过程中的安全性。通过数据备份、恢复和容灾策略，阿里云还能在数据发生丢失或损坏时迅速恢复，保障用户业务的连续性。实时监控与日志管理是阿里云安全策略的又一关键环节。阿里云提供了全面的实时监控服务，能够实时检测和分析系统异常行为，及时发现并处理潜在的安全威胁。通过详细的日志记录和审计功能，阿里云还能为用户提供可追溯的安全事件记录，便于用户进行安全审计和合规性检查。阿里云的安全策略是一套全面、高效、可靠的防护体系，它为用户提供了全方位的安全保障。[1]

二、阿里云安全方法

（一）加强网络安全防护

网络安全是云计算环境中不可忽视的重要方面。阿里云提供了一系列网络安全防护工具和服务，以确保用户业务的安全性和稳定性。阿里云提供的云防火墙是一种分布式、智能化的网络安全防护工具。它可以实时监控和控制入站与出站流量，防止未授权访问和各种网络攻击。云防火墙能够实时检测并防御分布式拒绝服务攻击等多种网络威胁，确保服务器的正常运行。安全组规则是阿里云提供的一种用于控制网络流量的机制。用户可以通过配置安全组规则来限制对服务器的访问权限，如只允许特定 IP 地址或 IP 段的访问请求，或者只允许特定端口的访问。这有助于防止未经授权的访问和攻击，提高服务器的安全性。

分布式拒绝服务攻击是一种常见的网络攻击方式，它通过向目标服务器发送大量伪造的网络流量来耗尽其资源，从而导致服务中断。阿里云提供了分布式拒绝防护服务，通过检测并自动拦截大流量攻击来保护服务器的正常运行。该服务可以实时分析网络流量，识别并过滤掉恶意流量，确保业务的连续性和稳定性。阿里云的安全加固服务包括漏洞修复功能，可以定期对服务器进行漏洞扫描和修复。通过及时修复已知漏洞，可以减少被攻击的风险，提高服务器的安全性。阿里云还提供了系统补丁更新服务，可以自动检测并安装最新的系统补丁。这有助于修复系统中的已知漏洞和缺陷，提高系统的整体安全性。为了防范病毒和恶意软件的攻击，阿里云提供了防病毒软件安装服务。用户可以选择合适的防病毒软件并安装在服务器上，以确保服务器免受恶意软件的

---

[1] 储晨曦，谢磊，李丹丹，等. 基于 Kubernetes 架构的阿里云平台服务与生产管理控制策略[J]. 大科技，2024（9）：118-120.

侵害。

(二) 身份认证与访问控制

在云计算环境中，身份认证与访问控制是确保资源安全的第一道防线。阿里云提供了一系列强大的身份认证与访问控制功能，以增强用户账号和数据的安全性。双因素认证是一种结合了两种或两种以上验证因素的身份认证方法。除了传统的用户名和密码之外，阿里云还支持通过短信验证码、手机验证码、硬件令牌等多种方式进行二次验证。这种方式大大增强了用户账号的安全性，即使密码被泄露，攻击者也难以通过单一因素登录账号。多重身份认证是双因素认证的扩展，它允许用户配置多个验证因素，以提高账号的安全性。阿里云用户可以通过安装并配置认证应用，生成一次性密码，每次登录时都需要输入这个密码，从而确保只有拥有物理设备的用户才能访问账号。

阿里云还提供了生物特征认证选项，如指纹识别、面部识别等。这些认证方式进一步增强了账号的安全性，因为生物特征信息难以复制和伪造。阿里云支持细粒度的访问控制策略，通过创建不同的角色和分配相应的权限来限制用户的操作权限。每个角色可以拥有不同的权限集，如只读权限、写权限、管理权限等。管理员可以根据用户的职责和需求为其分配适当的角色，从而确保用户只能访问和操作其所需的资源。

阿里云还提供了基于策略的访问控制功能，允许管理员定义复杂的访问控制规则。这些规则可以基于用户的身份、时间、位置、行为等多种因素进行动态调整，以确保资源的访问权限始终与业务需求和安全策略保持一致。访问控制列表是一种用于定义网络流量访问权限的机制。阿里云服务器提供了访问控制列表功能，允许用户设置允许或拒绝特定 IP 地址或 IP 段的访问请求。这有助于防止未经授权的访问和攻击，确保只有合法的用户才能访问服务器。安全组是另一种用于定义网络流量访问权限的机制。阿里云的安全组功能允许用户为服务器配置一组入站和出站规则，以控制流量的进出。这些规则可以基于协议、端口、IP 地址等多种因素进行配置，从而确保只有符合特定条件的流量才能通过安全组。

(三) 数据加密与安全存储

在云计算环境中，数据的安全性是至关重要的。阿里云提供了多种数据加密和安全存储功能，以确保用户数据的安全性和可用性。静态数据加密用于保护存储在磁盘上的数据。阿里云提供了透明数据加密等静态数据加密功能，可以对存储在数据库中的数据进行加密处理。即使数据被非法获取，也无法直接读取或解密。动态数据加密用于保护在传输过程中的数据。阿里云支持安全套接层或传输层安全协议等，可以对传输中的数据进行加密处理。这有助于防止数据在传输过程中被截获或篡改。阿里云提供了多区域备份和容灾功能，允许用户将数据备份到不同的地理区域。这有助于防止数据丢失和提高数据的可用性。

在发生灾难时，用户可以从备份中快速恢复数据，确保业务的连续性和稳定性。阿里云的对象存储服务是一种高度可扩展、安全、可靠的数据存储解决方案。对象存储服务提供了多种安全功能，如访问控制策略、数据加密、数据生命周期管理等，以确保用户数据的安全性。用户可以将重要数据存储在对象存储服务中，并通过配置访问控制策略来保护数据的安全性。对象存储服务还支持跨地域复制和版本控制等功能，进一步提高了数据的可用性和安全性。

（四）实时监控与日志管理

实时监控和日志管理是确保云计算环境安全性的重要手段。阿里云提供了多种监控和日志管理工具，以帮助用户及时发现和处理潜在威胁。阿里云提供的云监控服务可以实时监控服务器的内存、磁盘等关键指标。通过设定阈值和告警规则，当这些指标达到或超过预设值时，系统会自动发送告警通知给用户。这有助于用户及时发现服务器的异常情况并采取相应措施进行处理。

阿里云的日志服务可以收集和分析服务器的日志数据。通过配置日志采集规则和分析模板，用户可以实时查看和分析日志数据中的异常信息。这有助于用户及时发现潜在的安全威胁并进行处理。阿里云允许用户在控制台中设置告警规则。这些规则可以基于服务器的关键指标、日志数据等多种因素进行配置。当系统检测到异常情况或潜在威胁时，会自动触发告警规则并发送告警通知给用户。告警通知可以通过短信、邮件、电话等多种方式进行发送，以确保用户能够及时收到并处理告警信息。阿里云提供了日志审计功能，可以记录用户对资源的访问和操作日志。这些日志可以用于追踪和分析用户行为，帮助用户发现潜在的安全问题和违规行为。通过定期审查和分析日志数据，用户可以及时发现并处理潜在的安全威胁。

为了满足不同行业和地区的合规性要求，阿里云提供了合规性检查功能。用户可以根据自身的业务需求和合规性要求配置相应的检查规则和策略。阿里云会自动对用户的资源和操作进行合规性检查，并提供详细的检查报告和建议。这有助于用户确保业务符合相关法规和标准的要求，降低合规性风险。在发生安全事件时，及时响应和应急处理是至关重要的。阿里云提供了安全事件响应和应急处理机制，允许用户在发生安全事件时快速定位问题并采取相应措施进行处理。通过配置应急处理预案和流程，用户可以确保在发生安全事件时能够迅速响应并恢复业务的正常运行。

(五) 安全培训与意识提升

除了技术层面的安全措施外，提高员工的安全意识和加强培训也是确保云计算环境安全的重要方面。阿里云提供了丰富的安全培训和意识提升资源，以帮助用户提高员工的技能水平和安全意识。阿里云提供了多种安全培训课程，涵盖了云计算安全、网络安全、数据安全等多个方面。这些课程可以帮助用户了解最新的安全技术和趋势，掌握基本的安全操作和防御技能。通过学习这些课程，用户可以提高自身的安全意识和技能水平，更好地应对潜在的安全威胁。为了提高员工应对安全事件的能力和水平，阿里云还提供了模拟演练和实战训练功能。通过模拟真实的安全事件和场景，用户可以进行实战训练和演练，熟悉应急处理流程和操作规范。这有助于用户在发生真实安全事件时能够迅速响应并采取正确的措施进行处理。阿里云还会定期举办安全意识宣传活动，通过发布安全公告、分享安全案例、组织安全讲座等方式提高用户的安全意识。这些活动可以帮助用户了解最新的安全威胁和攻击手段，提高警惕性和防范意识。

第六章 云计算安全的未来趋势与挑战

作为数字经济重点产业之一的云计算可以成为数字经济的基础设施,推动数字化转型、推动各行各业的数字化和互联互通。人工智能、大数据、区块链、边缘计算、5G、物联网等新兴技术也将在云计算的支撑下打破技术边界,合力支撑产业变革、赋能社会需求。当越来越多的价值和使命由云计算来承载和支撑时,云安全将会成为影响国家安全、社会稳定、行业安全、企业安全,以及个人的人身安全、财产安全、隐私保护等方方面面的关键因素之一,亟须在政策、管理和技术创新上加强投入,云计算的未来发展也会遇到许多挑战和风险,还要在实践中不断解决问题。本章将简要叙述云计算安全的未来趋势与挑战的相关内容。

第一节 人工智能与机器学习在云安全中的应用

人工智能是一个涵盖面广泛的领域,可以创造模拟人类智能行为的系统,其目标是让计算机具备推理、学习与决策能力,机器学习是人工智能的一个子集,其核心在于让计算机从数据中学习,实现自动预测和决策。具体而言,机器学习能够分析历史数据,寻找模式,并在此基础上对新数据进行处理,在网络安全领域,人工智能通过实时监控和智能分析,为系统提供强大的威胁检测能力,机器学习利用基础数据构建行为模型,帮助识别不同的安全威胁,这两者的结合使得网络安全防护更加高效和精准。

一、人工智能在云安全中的应用情况

人工智能在云安全领域的应用正逐步深化,强大的数据处理和模式识别能力为云安全提供了前所未有的防护手段,其可以实时分析网络流量和数据日志,通过先进的机器学习算法识别异常行为模式,从而快速准确地发现潜在的

安全威胁。相较于传统的基于规则的方法，人工智能驱动的威胁检测系统展现出了更高的自适应性和准确性，显著降低了误报率，提高了检测精度。

（一）威胁检测与入侵防御

在云安全领域，威胁检测与入侵防御是人工智能应用最为广泛的场景之一。人工智能可以实时分析网络流量和数据日志，通过深度学习等技术对网络流量进行深度解析，从而识别出潜在的安全威胁。例如，当系统检测到异常流量时，人工智能可以迅速定位并隔离受感染的设备，及时通知安全团队进行响应，大幅降低反应时间，减少攻击造成的损害；入侵防御系统作为网络安全的重要防线，其核心在于准确识别并阻止恶意攻击，传统入侵防御系统主要依赖于特征匹配和规则库来检测攻击行为，然而面对日益复杂多变的攻击手段，其防护效果逐渐力不从心，人工智能技术的应用使得入侵防御系统能够利用深度学习、神经网络等先进技术对网络流量进行更加深入的分析，从而识别出复杂的高级持续性威胁等难以通过传统方法检测的攻击，基于人工智能的入侵防御系统不仅提高了检测的准确性，还增强了系统的自适应性和鲁棒性。

（二）用户行为分析

用户行为分析是识别内部威胁的重要手段。在云环境中，用户的行为数据如登录时间、操作习惯、访问记录等都是宝贵的安全资源，人工智能通过对这些数据进行深度挖掘和分析，建立用户行为模型，从而实现对用户行为的精准刻画。当用户的实际行为与模型不符时，人工智能迅速发出预警，帮助安全团队及时发现并处置潜在的内部威胁。人工智能技术还可以用于增强身份验证过程，通过生物特征识别技术，实现对用户身份的精准验证，有效防止身份冒用和非法访问，智能访问控制系统可以根据用户的行为习惯动态调整权限，实现更加精细化的访问控制，进一步降低未授权访问的风险。

（三）安全公告与技术文档分析

安全公告和技术文档是了解最新安全漏洞和攻击手段的重要渠道，然而文档通常包含大量的文本信息，人工阅读和分析不仅耗时费力，还容易遗漏关键信息，人工智能技术通过自然语言处理技术对这些文档进行深度解析和挖掘，可以自动提取出关键的安全漏洞信息和修复建议，不仅可以提高分析的效率和准确性，还为企业及时修补漏洞提供了有力的支持。人工智能还可以与自动化工具相结合，实现对内部网络的定期扫描和漏洞检测，通过自动化工具对扫描结果进行深度分析，人工智能及时发现并修补已知漏洞，从而有效防止攻击者利用这些漏洞进行攻击。

(四) 数据隐私保护

在大数据时代，个人隐私保护成为备受关注的话题，云环境中存储着大量的用户数据，如何确保数据的安全性和隐私性成为云安全领域的重要挑战。人工智能技术通过加密技术和匿名化处理等手段实现对敏感信息的有效保护，加密技术是一种常用的数据保护手段，人工智能可以通过智能算法对敏感数据进行加密处理，确保数据在传输和存储过程中的安全性，通过对加密数据进行智能管理和访问控制，防止未经授权的访问和泄露。除了加密技术外，匿名化处理也是保护个人隐私的重要手段，人工智能可以通过对敏感数据进行脱敏处理，使其在不暴露个人隐私的前提下仍然能够用于分析和挖掘，这种处理方式既保护了个人隐私，又充分利用了数据的价值。人工智能还可以通过智能监控和预警系统及时发现并处置潜在的数据泄露风险，例如当系统检测到异常的数据访问行为时，人工智能可以迅速发出预警并采取相应的防护措施，从而有效防止数据泄露事件的发生。

二、机器学习在云安全中的应用情况

机器学习作为人工智能的核心体现，简单来看即为一组可以通过经验数据对系统本身性能进行一定程度优化的算法合集。机器学习的基本方式即指使计算机对人类行为进行模拟，并通过学习的方式，使计算机功能与知识体系更加人性化、智能化、丰富化发展。机器学习在实际研究中具有许多方向，从整体上来看，机器学习与推理过程具有十分紧密的联系，所以在机器学习方式的分类上具有一定的共识。机器学习作为人工智能领域的关键分支，其通过强大的数据分析和模式识别能力，为云安全领域带来了前所未有的变革，它不仅能够自动识别和学习数据的内在规律，还能帮助我们在复杂的云环境中识别和防范各种潜在的安全威胁，从而提高云安全的效率和可靠性。

(一) 恶意软件检测

随着数据量的增加和网络攻击的复杂化，云计算环境下的数据传输安全问题变得尤为突出[1]，在云计算环境中，数据的海量性和多样性对恶意软件的检测提出了严峻的挑战。基于特征码的传统检测方法往往难以应对不断演变的恶

---

[1] 孟令臣, 任悦辉. 基于人工智能的云计算通信网络安全传输控制技术 [J]. 通信电源技术, 2024 (18): 79-81.

意软件变化，因而需要寻求改变，机器学习技术提供了更为灵活和智能的解决方案。入侵检测在保障信息安全中起着重要的作用，准确识别网络中的各种攻击是其关键技术，机器学习算法可以自动地从大量数据中提取特征，并构建恶意软件特征库，不仅包含已知的恶意软件特征，还能通过持续学习和优化识别出新型的恶意软件变种。机器学习算法还能对未知样本进行分类和预测，从而实现对潜在恶意软件的早期预警和拦截，例如可以利用支持向量机、随机森林或深度学习等机器学习算法，对恶意软件样本进行训练和学习，生成高精度的分类模型，其能够准确地识别出恶意软件，并进行有效的隔离和清除，从而保障云环境的安全稳定。

(二) 异常检测

异常检测是云安全领域中的重要环节，它通过对网络数据的实时监测和分析，及时发现和识别出异常访问和攻击行为，机器学习技术的应用使得异常检测变得更加高效和准确。基于机器学习的异常检测系统可以学习用户的正常操作模式和访问行为，并建立相应的行为模型，当系统检测到用户的操作行为与模型不符时，即认为存在异常，并触发相应的报警机制，基于用户行为模式的异常检测方法能够有效地识别出潜在的攻击者，防止其进一步破坏云环境。机器学习算法还能对网络流量进行深度分析，识别出异常的网络通信模式和攻击特征，例如通过聚类分析或孤立森林等算法，对网络流量数据进行实时处理和分类，从而发现异常的网络行为并采取相应的防护措施。

(三) 实体关系分析

在云环境中，各个实体之间的关系错综复杂，其包括用户、设备、应用和服务等，它们之间的交互和访问行为构成了云环境的主体，机器学习技术可以用于对实体之间的关系进行深度分析，从而发现潜在的攻击模式和敏感目标。通过机器学习算法可以对用户的行为模式、访问模式等进行学习和建模，模型能够反映出用户的正常行为和偏好，从而帮助我们识别出异常或可疑的访问行为。例如，在云存储环境中，可以利用机器学习对不同用户的数据访问进行分析，发些用户偏向于访问哪些类型的文件，进而识别出用户的敏感文件和潜在的安全风险。机器学习技术还可被用于构建实体关系图谱，揭示各个实体之间的关联和依赖关系，这不仅有助于人们理解云环境的整体结构，还能帮助人们发现潜在的攻击路径和攻击目标，从而采取相应的安全防护措施。

三、人工智能与机器学习在云安全中的协同应用情况

随着网络攻击的形态越来越复杂,人工智能与机器学习的协同应用变得至关重要,人工智能可以收集和分析大量的安全数据,为机器学习模型提供有针对性的训练数据,从而提高模型的预测准确性,机器学习模型通过不断学习新型攻击模式,为人工智能系统的适应性和反应能力注入新的动力。

(一)高级威胁应对

在面对高级持续性威胁等复杂攻击时,人工智能与机器学习的协同应用显得尤为关键。高级持续性威胁攻击通常具有隐蔽性强、持续时间长、攻击手段多样等特点,给企业的安全防御带来了极大的挑战。人工智能凭借其强大的数据收集和分析能力,可以从海量的安全数据中提取出有价值的信息,形成统一的安全态势图,态势图能够直观地展示当前的安全环境,帮助安全团队迅速定位潜在的安全威胁。机器学习模型通过对历史攻击数据的不断学习,识别出新型攻击模式的特征和行为模式,进而使其及时发现并应对未知的安全威胁,降低企业被攻击的风险。人工智能与机器学习的协同应用,使得安全团队能够在威胁发生之前进行预警和防范,有效提升了企业的安全防御能力。

(二)安全资源分配

在云环境中,安全资源的合理分配对于提高整体安全水平至关重要。人工智能通过数据分析识别出不同安全事件的风险等级和优先级,基于这些信息,其能够辅助企业制定更加科学合理的安全资源分配策略,确保高风险事件得到优先处理;机器学习模型可以通过对安全事件的学习和分析,不断优化资源分配算法,例如,机器学习模型可以根据历史安全事件的数据,预测未来可能发生的攻击类型和规模,从而为企业提前准备相应的安全资源,基于数据驱动的资源分配方式不仅提高了资源的利用效率,还降低了企业的安全风险。

(三)未来发展趋势

随着技术的不断进步和数据的不断增长,人工智能与机器学习在云安全中的应用前景将更加广阔。通过采用更先进的算法和更大的数据量来训练模型,人工智能与机器学习将进一步提高预测精度和识别能力,这将使得安全团队能更准确地识别出潜在的安全威胁,并采取相应的防御措施。加强跨行业合作,形成统一的标准和协议,也是推动云安全技术发展的重要方向,通过共享数据和经验,不同行业可以共同提升云安全水平,形成更加完善的安全防御体系,

探索新的应用场景，如物联网安全、云原生安全等领域，也将为人工智能与机器学习的应用带来新的机遇和挑战。在物联网安全领域，人工智能与机器学习可以应用于设备身份认证、数据加密传输、异常行为检测等方面，提高物联网系统的安全性和可靠性；在云原生安全领域，人工智能与机器学习可以用于容器安全、微服务安全等方面的监控和防护，确保云原生应用的稳定运行和数据安全。

第二节 5G 技术对云计算安全的影响

5G 技术对云计算安全产生了深远的影响。5G 即第五代移动通信技术，是 4G 网络技术的进一步演进，其高速率、大容量和低延迟特性等特点推动了云计算的进一步发展，同时也带来了新的安全挑战。随着 5G 网络的普及，云计算服务可以更加高效地传输和处理数据，从而提升了整体业务的响应速度和用户体验。云计算安全需要适应 5G 技术的发展，构建更加全面、智能的安全防护体系，加强跨行业、跨领域的合作，共同推动云计算安全技术的创新和发展。

一、传输速率提升

5G 技术的传输速率相较于 4G 实现了质的飞跃，这一显著提升无疑为云计算环境下的数据传输开辟了一条前所未有的高速通道，在云计算架构中，数据在云端与用户终端间的频繁交换是业务运行的核心环节，而 5G 的高速率特性则显著缩短了这一过程的时间成本，为云计算服务的效率与安全性带来了双重提升。

具体而言，5G 的高速传输能力使得用户能够在极短的时间内完成大规模数据的下载与上传。在数据传输过程中，数据往往容易成为黑客攻击的目标，而 5G 技术通过缩短传输时间，有效降低了数据被截获或篡改的风险，从而提升了数据的安全性。5G 的高速传输特性还为云计算服务中的大规模数据处理与分析任务提供了强有力的支持，在云计算领域，实时数据分析、机器学习模型训练等任务对数据传输速度有着极高的要求，传统的 4G 网络在面对这些大规模数据处理任务时，往往会出现传输瓶颈，导致数据处理效率低下；而 5G 技术则能轻松应对这些挑战，通过高速传输，数据可以更快地被收集、传输至云端进行处理，从而提高了云计算服务的响应速度和决策准确性，高效的数据处理能力为业务连续性、实时性需求强的应用场景提供了强有力的支持，如金融交易、智能制造等领域。

在云计算的分布式计算模式中，数据的传输速度直接影响着计算任务的执行效率。5G 技术通过提供高速、低延迟的网络连接，使得云计算服务能够更好地利用分布式计算资源，实现计算任务的快速调度和高效执行，不仅提高了云计算服务的性能，还降低了计算成本，为云计算服务的广泛应用提供了有力的保障。

二、时延降低

5G 技术的另一大亮点是其极低的时延表现，这一特性对于需要高实时性响应的云计算应用来说具有至关重要的意义。在云计算领域，实时性往往决定了应用的成败，特别是在自动驾驶、远程医疗、实时游戏等场景中，时延的降低意味着更高的安全性和更好的用户体验，比如自动驾驶，车辆需要实时感知周围环境、接收并处理来自云端的路况信息、交通信号等，以做出快速且准确的驾驶决策。相比起上一代，5G 不仅仅是速度上的提高，更多的是将上一代的技术整合在一起，其中 5G 传输频谱的使用率更高，传输速率、传输延迟以及信息安全性都比上一代要高得多。[1] 所以，在 5G 技术逐渐普及的情况下，移动互联网必然会有更好的通信质量，大量以移动互联网为基础的技术将会有很大的发展。5G 的低时延特性确保了数据能够即时传输至云端进行处理，再迅速反馈至车辆，从而极大降低了因信息滞后导致的安全风险有效保证了自动驾驶的安全性和可靠性，还为其广泛应用提供了有力的技术支持。在远程医疗领域，5G 技术的低时延特性也发挥了至关重要的作用，医生需要远程操控手术机器人、实时查看患者生理数据并进行诊断，这些操作对网络的实时性有着极高的要求，5G 技术使得远程医疗成为可能，并提高了其安全性和可靠性，医生可以实时获取患者的生理数据，并进行精准地诊断和治疗，从而提高了医疗资源的利用效率和紧急救治的成功率。5G 的低时延特性还为云计算在实时游戏、虚拟现实等领域的应用提供了有力的支持，在这些场景中，用户对延迟的敏感度极高，任何微小的延迟都可能导致用户体验的下降，5G 技术通过提供低延迟的网络连接，使得云计算服务能够更好地满足应用需求，为用户带来更加流畅、真实的体验。

---

[1] 刁宏伟，黄帅，郭兴军，等. 基于云计算技术的 5G 移动通信网络优化路径试析 [J]. 中国新通信，2021（3）：1-2.

三、连接密度与容量增强

随着物联网设备的普及和智能化水平的提升，越来越多的设备需要接入网络进行数据传输和交互，这对网络容量和连接管理提出了严峻的挑战。5G 技术的大连接密度和高容量特性意味着云计算服务能够支持前所未有的设备数量和用户并发接入。5G 技术通过优化频谱利用、提高频谱效率、引入新型网络架构等方式，显著增强了网络的连接能力和承载能力，这使得网络可以容纳更多的设备和用户同时接入，并保持高效、稳定地运行，连接能力的提升不仅满足了物联网设备大规模接入的需求，还为云计算服务在物联网领域的应用提供了有力支持。

在物联网场景中，设备之间的数据交互和协同工作是关键。5G 技术通过支持设备间的直接通信，减少了数据必须经过云端的中间环节，通信模式的转变不仅降低了网络负担，还提升了数据传输的安全性和隐私保护。在直接通信模式下，敏感数据可以在设备间直接交换，减少了被第三方截取的风险，为物联网设备间的安全交互提供了新的可能，保障了物联网应用的广泛推广和深入应用。5G 技术还通过引入边缘计算等新型计算模式，进一步优化了云计算服务在物联网领域的应用，边缘计算通过将部分计算任务从云端迁移到网络边缘，降低了数据传输的时延和带宽需求，提高了数据的安全性和隐私保护。在物联网场景中，边缘计算可以实时处理和分析设备产生的数据，为设备提供快速、准确的响应和决策支持，有效提高了物联网应用的性能和效率，降低了计算成本和数据传输成本，为物联网时代的挑战应对提供了新的解决方案。

四、边缘计算进一步发展

随着 5G 技术的快速发展，边缘计算作为一种新型的计算模式，正逐步成为数据处理和分析的重要范式。边缘计算将数据处理任务从云端迁移到网络边缘，即数据产生的源头附近，从而解决了云计算在处理实时数据、降低时延方面的局限性，并增强了数据的安全性和隐私保护。在边缘计算架构下，数据在本地进行初步处理和分析，仅将必要的信息上传至云端进行进一步处理或存储，这种处理方式减少了数据在网络中的传输距离和时间，降低了被攻击的风险，边缘计算能够在本地实现快速响应和决策，提高了系统的整体效率和性能。5G 技术为边缘计算提供了强大的网络支持，其高速、低时延的特性使得边缘节点能够高效、可靠地处理大量数据，并支持复杂的应用场景。例如，在智能交通系统中，边缘计算可以实时分析交通流量、预测拥堵情况，并即时调整信号灯控制策略。这一过程在毫秒级的时间内完成,大大提升了交通系统的整体效率和安全性。

边缘计算与 5G 技术的融合创新还体现在多个方面。5G 网络的高带宽和低时延特性使得边缘节点能够处理更复杂的计算任务,如实时视频分析、高级机器学习等,这些任务在以往需要借助云计算资源来完成,但如今可以在边缘端实现,从而降低了对云端的依赖和传输成本。5G 网络的切片功能为边缘计算提供了更灵活的网络资源管理和分配方式,通过切片技术,可以将网络资源划分为多个独立的虚拟网络,每个切片可以根据业务需求和安全要求进行独立配置和管理,这使得边缘计算能够更好地适应不同应用场景的需求,并提供更细粒度的安全隔离和保护。5G 技术还支持更高级别的身份验证和访问控制机制,如基于区块链的身份认证、基于软件定义网络的动态访问控制等,这些新技术在提高边缘计算服务的安全性和可信度方面发挥了重要作用,为边缘计算的广泛应用提供了有力的保障。

五、云计算与物联网的深度融合

5G 技术不仅加速了云计算的发展,也促进了云计算与物联网的深度融合,物联网设备数量庞大、分布广泛、异构性强,对云计算服务提出了更高的要求。5G 技术通过提供高速、低时延、大容量的网络连接,使得云计算服务能够更好地支持物联网设备的接入、管理和数据处理。在物联网应用场景中,云计算作为数据处理的中心,负责收集、存储、分析和分发来自物联网设备的数据,5G 技术使得这些设备能够高效地与云端进行通信,无论是传感器数据收集、设备远程控制还是智能服务提供,都能得到及时、准确的响应。这不仅提升了物联网设备的智能化水平,也增强了其安全性和可靠性。

5G 技术的催化作用体现在多个方面。5G 网络的高带宽和低时延特性使得物联网设备能够实时地将数据传输至云端进行处理和分析,实时性对于物联网应用来说至关重要,如智能制造、智能交通等领域,可以通过实时数据处理和分析,及时发现和解决潜在问题,提高系统的整体效率和性能。5G 网络的大连接密度和高容量特性使得物联网设备能够大规模接入网络,这意味着更多的设备可以同时在线并进行数据交互,从而实现了真正的万物互联,连接密度的提升为物联网应用提供了更广阔的空间和可能性,如智能家居、智慧城市等领域。5G 技术还支持更高级别的物联网设备管理和安全防护机制,通过引入边缘计算和切片技术,可以实现物联网设备的本地化管理和安全隔离,这降低了对云端的依赖和传输成本,提高了系统的安全性和可靠性。5G 技术还支持基于区块链的身份认证和访问控制机制,为物联网设备提供更强大的安全保障。

六、云计算安全技术不断创新

5G 技术的引入为云计算安全带来了前所未有的挑战与机遇。一方面，5G 的高性能要求云计算服务在安全性方面做出更多的优化和改进，以应对更加复杂和多样的安全威胁，随着 5G 网络规模的扩大和复杂度的增加，网络攻击面也随之扩大，传统的安全防护措施可能无法有效应对新型攻击手段。因此，云计算服务需要不断升级其安全防护体系，采用更先进的加密技术、身份验证机制、入侵检测系统等来保障数据的安全和隐私。另一方面，5G 技术也为云计算安全提供了新的技术手段和解决方案，利用 5G 技术的切片功能，可以将云计算服务划分为不同的安全区域或虚拟网络切片，每个切片可以根据业务需求和安全要求独立配置和管理，实现更细粒度的安全隔离和保护。5G 还支持更高级别的身份验证和访问控制机制，如基于区块链的身份认证、基于软件定义网络的动态访问控制等，这些新技术在提高云计算服务的安全性和可信度方面发挥了重要作用。

第三节 云计算安全的未来发展方向与战略规划

随着企业对云计算的依赖加深，云安全将成为保障业务连续性和数据完整性的关键，未来云计算安全将与信息技术深度融合，实现智能化的威胁检测与响应，提升安全效率，云计算安全需要适应复杂的 IT 环境，提供跨云的安全管理和防护。云服务提供商要加强合规性管理，确保服务符合国内外安全标准和法规要求，积极建立完善的安全生态体系，与合作伙伴共同提升云安全水平。

一、云计算安全的未来发展方向

随着云计算技术的不断成熟和广泛应用，云计算安全正面临着前所未有的挑战与机遇。未来云计算安全将朝着智能化、零信任、多云协同、数据保护与隐私增强、安全合规性等方向发展。

（一）智能化安全防御

随着人工智能和大数据技术的飞速发展，智能化安全防御将成为云计算安全领域的重要趋势。人工智能技术通过深度学习和机器学习等算法，能够对海量安全数据进行深度分析，从而发现潜在的安全风险，分析能力不仅限于静态数据，还包括动态网络流量和行为模式等，例如利用机器学习算法对异常流量进行识别和分析，可以及时发现并阻断潜在的网络攻击。智能化安全防御的另一大优势在于其自适应能力，传统的安全策略往往基于固定的规则和签名进行匹配和检测，但这种方式难以应对不断变化的攻击手段；而智能化安全防御则可以根据攻击行为的变化和演进，动态调整安全策略，实现更精准的安全防护，有效提高安全防御的效率，降低误报率和漏报率，从而提升整体的安全防护水平。此外，智能化安全防御还可以结合自然语言处理和图像识别等技术，对安全日志和事件进行智能分析和预警。通过自然语言处理技术，自动提取安全日志中的关键信息，并生成易于理解的报告和建议，图像识别技术可用于识别和分析网络流量中的恶意图像和文件，从而进一步提高安全防御的准确性和效率。

（二）零信任安全模型

零信任安全模型是一种基于"永不信任，始终验证"原则的安全架构。在云计算环境中，由于用户和设备的多样性以及网络边界的模糊化，传统的基于网络的访问控制策略已经无法满足安全需求，因此零信任安全模型将成为云计算安全领域的重要发展方向。零信任安全模型的核心在于对用户身份和访问行为的持续验证和授权管理，这意味着无论用户身处何地，无论他们使用何种设备访问云资源，都需要经过严格的身份验证和授权流程。为了实现这一目标，企业需要采用更加灵活、细粒度的身份认证和访问控制机制，基于多因素认证的身份验证方式可以确保用户身份的真实性；而行为分析和设备指纹等技术可用于识别和追踪用户的访问行为和设备特征，从而进一步提高安全防御的准确性和可靠性。零信任安全模型还需要建立持续监控和审计机制，通过对用户的访问行为进行实时监控和记录，企业可以及时发现和处置异常行为，这种监控和审计机制不仅可以用于监测和防御安全威胁，还可以用于合规性审计和风险管理等方面。

（三）多云环境下的协同安全

云服务的提供商通常拥有数十万甚至上百万台服务器，形成了庞大的计算资源池。云计算通过实现虚拟化使得用户只需通过网络即可享受全面的服务。[1] 随着多云环境的普及，企业需要在多个云平台上管理和保护其数据和应

---

[1] 李超宇. 基于云计算的网络信息安全技术研究 [J]. 网络安全技术与应用, 2023 (11): 74-76.

用程序，这种情况下，多云环境下的协同安全将成为云计算安全领域的重要发展方向。多云安全管理平台是实现多云环境下协同安全的关键，该平台需要具备跨云资源的安全策略配置、安全事件监控和响应、安全日志收集和分析等功能，企业可以通过该平台实现对多个云环境的集中管理和监控，从而及时发现并处置安全事件。为了实现多云环境下的协同安全，企业还需要加强与其他云服务商和合作伙伴之间的合作与沟通，通过共享安全信息和经验，企业可以共同应对跨云环境的安全威胁。企业还可以参与行业标准和规范的制定工作，推动云计算安全技术的标准化和规范化发展。在多云环境下，企业还需要关注云间数据迁移和共享的安全问题，由于不同云平台之间的技术架构和安全策略存在差异，因此云间数据迁移和共享可能会面临安全风险。为了解决这一问题，企业要采用安全的数据传输和存储技术，如加密技术、数据脱敏技术等。企业可以建立严格的数据访问控制机制，确保只有经过授权的用户才能访问和共享云间数据，企业还需要关注云服务商的安全合规性问题，在选择云服务商时，了解其安全合规性认证和审计情况，并确保其符合相关的法律法规和标准要求，通过选择合规的云服务商，降低安全风险并提升整体的安全防护水平。

（四）安全服务的自动化交付

在云计算环境中，安全服务的自动化交付将成为一个重要的趋势。这一趋势的核心在于充分利用云计算的三大核心特性：弹性、可扩展性和自动化能力以构建灵活、高效且响应迅速的安全服务体系。云计算的弹性意味着资源可以根据实际需求迅速增加或减少，这一特性在安全服务中尤为重要。当用户面临突发的安全事件或需要增强特定安全防御时，云计算平台能够即时调配安全资源，如防火墙规则、入侵检测系统、日志分析工具等，确保安全响应的即时性和有效性，这种弹性不仅提高了安全服务的灵活性，也降低了因过度配置资源而导致的成本浪费。云计算的可扩展性为安全服务提供商提供了无限的创新空间，从基础的网络安全服务到高级的数据保护、身份认证与访问管理、安全信息与事件管理等，云计算平台支持安全服务的多样化发展。通过模块化设计，用户可以按需选择并组合不同的安全服务，形成个性化的安全解决方案，可扩展性不仅满足了不同行业、不同规模企业的安全需求，也促进了安全服务的持续创新和优化。云计算的自动化能力是实现安全服务快速交付的关键。通过编排工具和自动化脚本，安全服务提供商可以预先定义安全服务的部署流程、配置参数和监控规则，当用户请求安全服务时，云计算平台能够自动执行这些预定义的流程，完成服务的部署、配置和启动。自动化还能显著简化安全服务的日常管理工作，如定期更新安全策略、执行安全审计和报告生成等，使安全团队能够专注于更高层次的安全策略制定和威胁响应。

随着云计算技术的成熟，安全即服务模式日益受到青睐。在这种模式下，安全服务提供商通过云计算平台向用户提供按需付费的安全服务，无需用户自建和维护安全基础设施。安全即服务模式不仅降低了企业的安全投入成本，还提高了安全服务的可用性和可靠性，因为服务提供商通常会提供高可用的数据中心、冗余备份和故障切换机制，确保服务的连续性。

（五）持续监控与动态调整

在云计算环境中，安全威胁的多样性和快速演变要求云计算平台必须建立持续监控和动态调整的安全策略以构建自适应的安全防御体系。持续监控是构建自适应安全防御体系的基础，云计算平台需要集成先进的监控工具和技术，如实时日志分析、网络流量监控、异常行为检测等，以实现对云环境安全态势的全面感知。通过持续监控，平台能够及时发现并报告潜在的安全威胁，包括未经授权的访问尝试、恶意软件的传播、数据泄露风险等。为了从海量的监控数据中提取有价值的安全情报，云计算平台应集成智能分析引擎，如机器学习模型、行为分析算法等，这些引擎能够自动分析监控数据，识别异常模式，预测潜在的安全风险，并向安全团队发出预警。智能分析不仅能提高安全响应的速度和准确性，还能帮助安全团队发现未知的安全威胁，增强防御体系的韧性。面对不断变化的安全威胁，云计算平台需要实现安全策略的动态调整，根据安全监控的结果自动调整防火墙规则、访问控制策略等，动态调整不仅能有效应对已知威胁，还能在一定程度上抵御未知威胁，因为随着威胁情况的变化，安全策略也会相应进化，保持防御体系的有效性和先进性。为了验证自适应安全防御体系的有效性，云计算平台应定期举行安全演练，模拟真实的安全事件，测试安全团队的响应速度和防御能力，制订详细的应急响应计划，明确各角色的职责、应急流程、资源调度等，确保在真实安全事件发生时能够迅速、有序地采取行动，最大限度地减少损失。

二、云计算安全的战略规划

（一）构建全方位的安全管理体系

企业应明确云安全的目标、原则和要求，形成系统的安全策略，其应涵盖身份认证、访问控制、数据加密、漏洞管理、安全审计等关键领域，确保云环境的每个层面都得到充分保护。建立专门的云安全团队或部门，负责安全策略的制定、执行和监督，该团队应具备丰富的安全知识和实践经验，能够及时发现并应对云环境中的安全风险，团队内部应形成明确的职责分工和协作机制，确保各项安全措施得到有效执行。企业要建立完善的安全流程和管理制度，如安全事件处理流程、漏洞管理流程、安全审计流程等，流程应明确各级人员的职责和行动步骤，确保在发生安全事件时能够迅速响应并控制事态发展。企业应积极采用先进的安全技术和产品，如防火墙、入侵检测系统、数据加密技术等，这可以为云环境提供更强的安全防护能力，降低安全风险。企业还应关注新技术的发展动态，如人工智能安全、区块链安全等，以便及时引入和应用这些新技术。

（二）推动安全技术研发与创新

企业应积极引进和应用最新的安全技术和产品，如人工智能安全分析、自动化威胁检测与响应等，大大提高云环境的安全防护能力和响应速度。企业还应关注新技术与现有安全技术的融合应用，以形成更加完善的安全防护体系，为了防止未授权访问和数据泄露，企业可以建立安全的通信通道，将远程用户安全地连接到内部网络资源，从而避免外部攻击。[①] 加强与高校、科研机构等的合作，共同开展安全技术研发和创新工作，通过产学研合作，借鉴最新的安全研究成果和技术进展，推动云计算安全技术的不断发展和创新。合作还可以为企业培养更多的安全人才，提升整体的安全防护能力，企业应积极参与云计算安全技术的标准化和规范化工作，通过参与制定行业标准、国家标准甚至国际标准，企业可以推动云计算安全技术的标准化发展，提高整个行业的安全防护水平。

（三）加强安全培训与意识提升

企业应定期组织员工进行安全培训，提高员工的安全意识和技能水平。培训内容应包括最新的安全威胁、防护措施、应急处理流程等，员工通过培训能更加深入地了解云环境的安全风险，并掌握有效的应对措施。企业应建立安全知识库，收集并整理最新的安全资讯、案例、解决方案等，知识库可以为员工提供便捷的学习和交流平台，帮助他们随时了解最新的安全动态和技术进展。企业要通过内部邮件、公告栏、社交媒体等多种渠道进行安全意识宣传，员工会更加深刻地认识到云环境安全的重要性，并自觉遵守各项安全规定。

---

① 郑小辉，郭金涛. 云计算环境下网络信息安全技术发展分析 [J]. 数字通信世界，2024（8）：119-121.

(四) 建立应急响应与灾难恢复机制

企业应制订详细的应急响应计划，明确各级人员的职责和行动步骤，计划应包括安全事件的发现、报告、分析、处理、恢复等各个环节，通过应急响应计划的制定和执行确保在发生安全事件时能够迅速响应并控制事态发展。企业应建立完善的灾难恢复备份机制，保证在发生灾难性事件时能够迅速恢复云环境的正常运行，备份数据应存储在安全可靠的存储设备上，并定期进行备份数据的验证和恢复测试。企业应建立灾难恢复预案和演练机制，以确保在发生灾难性事件时能够迅速启动恢复流程，企业应建立持续监控和审计机制，对云环境进行实时监控和定期审计，企业可以通过监控和审计及时发现并处置潜在的安全风险和问题，其还可以为企业提供有关云环境安全状况的数据和报告，为未来的安全决策提供有力支持。

参考文献

[1] 陈航. 云计算环境下数据安全与隐私保护研究 [J]. 新一代信息技术, 2020（15）：11-14.

[2] 陈家兴, 孙娟. 虚拟化安全技术研究 [J]. 天津科技, 2020, 47（8）：21-23.

[3] 刁宏伟, 黄帅, 郭兴军, 等. 基于云计算技术的5G移动通信网络优化路径试析 [J]. 中国新通信, 2021（3）：1-2.

[4] 顾磊, 李永忠. 云环境下基于属性加密的访问控制技术研究 [J]. 软件导刊, 2021（7）：167-170.

[5] 郭洪延, 肖鑫. 新时期基于云计算的数据安全关键技术分析 [J]. 信息记录材料, 2021（3）：130-133.

[6] 何宝海. 网络安全管理技术研究 [J]. 科技创新与应用, 2022, 12（30）：177-180.

[7] 孟令臣, 任悦辉. 基于人工智能的云计算通信网络安全传输控制技术 [J]. 通信电源技术, 2024（18）：79-81.

[8] 洪波, 王中生, 王建国. 未来网络与物联网 [M]. 西安：陕西人民出版社, 2022.

[9] 胡伦, 袁景凌. 面向数字传播的云计算理论与技术 [M]. 武汉：武汉大学出版社, 2022.

[10] 胡伦, 袁景凌. 面向数字传播的云计算理论与技术 [M]. 武汉：武汉大学出版社, 2022.

[11] 黄源, 董明, 刘江苏, 等. 大数据技术与应用 [M]. 北京：机械工业出版社, 2020.

[12] 贾振刚, 冯雪莲. 信息技术基础 [M]. 北京：北京理工大学出版社, 2019.

[13] 姜燕, 王修婷. 云计算运用与安全管理研究 [M]. 西安：西北工业大学出版社, 2024.

[14] 焦志伟，吴正豪，徐亦佳，等. 基于隐私保护的分布式数字身份认证技术研究及实践探索 [J]. 信息通信技术与政策，2024（1）：59-66.

[15] 李超宇. 基于云计算的网络信息安全技术研究 [J]. 网络安全技术与应用，2023（11）：74-76.

[16] 李川，王智. 大数据环境下用户隐私数据多级加密仿真研究 [J]. 计算机仿真，2019（11）：159-162.

[17] 李冠蕊，刘瑞景，李雪茹. 基于云平台的 Web 应用安全防护 [J]. 电子技术与软件工程，2019（16）：198-199.

[18] 李杰，张琳，黄颖. 科学计量学手册 [M]. 北京：首都经济贸易大学出版社，2023.

[19] 李文锋，刘志学. 智慧物流 [M]. 武汉：华中科技大学出版社，2022.

[20] 李莹，杨春哲，吕亚娟. 计算机网络安全技术与保护策略研究 [M]. 北京：北京工业大学出版社，2018.

[21] 李兆延，罗智，易明升. 云计算导论 [M]. 北京：航空工业出版社，2020.

[22] 刘甫迎，杨明广. 云计算原理与技术 [M]. 北京：北京理工大学出版社，2021.

[23] 刘化君. 网络安全技术 [M]. 北京：机械工业出版社，2022.

[24] 刘嘉晨. 云计算环境下的虚拟化安全性评估及加固措施分析 [J]. 消费电子，2024（2）：79-81.

[25] 刘鹏. 云计算：第 4 版 [M]. 北京：电子工业出版社，2024.

[26] 路松. 云计算应用模式下移动互联网安全问题 [J]. 网络安全技术与应用，2022（9）：82-84.

[27] 梅宏，金海. 云计算 [M]. 北京：中国科学技术出版社，2020.

[28] 孟祥杰. 计算机信息技术与网络安全管理探讨 [J]. 科学与信息化，2024（1）：25-27.

[29] 苗春雨，杜廷龙，孙伟峰. 云计算安全 关键技术原理及应用 [M]. 北京：机械工业出版社，2022.

[30] 苗燕. 基于云计算的物联网安全问题处理策略 [J]. 电子技术与软件工程，2019（3）：183.

[31] 裴向东，王升辉，郭卫卫. 云计算 [M]. 西安：西北工业大学出版社，2020.

[32] 冉鑫. 试析计算机网络安全管理及维护措施 [J]. 电子元器件与信息技术，2024，8（2）：179-181+185.

[33] 舍乐莫, 刘英, 高锁军. 云计算与大数据应用研究 [M]. 北京: 北京工业大学出版社, 2019.

[34] 申时凯, 佘玉梅. 基于云计算的大数据处理技术发展与应用 [M]. 成都: 电子科技大学出版社, 2019.

[35] 沈传年, 徐彦婷. 数据脱敏技术研究及展望 [J]. 信息安全与通信保密, 2023 (2): 105-116.

[36] 沈苏彬. 网络安全实用教程 [M]. 北京: 机械工业出版社, 2021.

[37] 盛焕烨. 计算机科学技术大辞典 [M]. 上海: 上海辞书出版社, 2021.

[38] 孙国梓, 王钰, 李兆维, 等. 基于区块链的可搜索加密技术研究综述 [J]. 南京邮电大学学报 (自然科学版), 2024 (1): 65-78.

[39] 王欢, 胡磊, 李志宇. 云架构桌面虚拟化的安全问题研究 [J]. 网络安全技术与应用, 2021 (7): 86-88.

[40] 王晓曦. 专有云虚拟化安全管理系统的设计与实现 [J]. 电子元器件与信息技术, 2023, 7 (7): 207-210.

[41] 魏晓菁. 隐形战场 [M]. 北京: 企业管理出版社, 2022.

[42] 吴功宜, 吴英. 深入理解物联网 [M]. 北京: 机械工业出版社, 2024.

[43] 夏峰. 信息安全技术 [M]. 哈尔滨: 哈尔滨工程大学出版社, 2023.

[44] 肖鹏. 智能电网信息安全风险与防范研究 [M]. 成都: 四川科学技术出版社, 2024.

[45] 肖蔚琪, 贺杰, 何茂辉, 等. 计算机网络安全 [M]. 武汉: 华中师范大学出版社, 2022.

[46] 谢丽华, 丁小娜, 杨杨. 云计算架构与服务模式 [M]. 北京: 北京工业大学出版社, 2019.

[47] 薛飞, 张镭镭. 云计算数据中心规划与设计 [M]. 北京: 北京理工大学出版社, 2021.

[48] 杨晓艳. 解析医院计算机网络的安全管理对策 [J]. 电子元器件与信息技术, 2023, 7 (8): 185-188.

[49] 杨旸. 智慧城市建设存在的问题与治理 [J]. 城市建设理论研究 (电子版), 2024 (15): 223-225.

[50] 杨志波, 张秀清, 胡玉琴, 等. 网络安全与维护 [M]. 北京: 中国原子能出版社, 2021.

[51] 姚锡凡, 张存吉, 张剑铭. 制造物联网技术 [M]. 武汉: 华中科技大学出版社, 2018.

[52] 殷博, 林永峰, 陈亮. 计算机网络安全技术与实践 [M]. 哈尔滨: 东北

林业大学出版社，2023.

［53］袁建民. 高校计算机网络安全管理研究［J］. 电子元器件与信息技术，2024，8（5）：144-147.

［54］袁醍. 云计算技术在互联网软件中的应用［J］. IT经理世界，2024（4）：120-122.

［55］张辉鹏. 网络信息安全与管理［M］. 延吉：延边大学出版社，2022.

［56］张立江，苗春雨，曹天杰，等. 网络安全［M］. 西安：西安电子科学技术大学出版社，2021.

［57］张义明. 云计算关键技术发展与创新应用研究［M］. 长春：吉林科学技术出版社，2022.

［58］章瑞. 云计算［M］. 重庆：重庆大学出版社，2020.

［59］赵培楠，周洪宇，蔡云鹏. 高校数据加密技术和产品选型方案［J］. 中国教育网络，2023（10）：53-57.

［60］郑小辉，郭金涛. 云计算环境下网络信息安全技术发展分析［J］. 数字通信世界，2024（8）：191-121.